MÜNCHENER GEOGRAPHISCHE ABHANDLUNGEN

in

MÜNCHENER UNIVERSITÄTSSCHRIFTEN

FACHBEREICH GEOWISSENSCHAFTEN

Meinem hochverehrten Lehrer, Professor Dr. Herbert Louis,
in Dankbarkeit zu seinem 75. Geburtstag gewidmet.

Münchener Universitätsschriften

Fachbereich Geowissenschaften

MÜNCHENER GEOGRAPHISCHE ABHANDLUNGEN

Institut für Geographie der Universität München

Herausgegeben

von

Professor Dr. H. G. Gierloff-Emden   Professor Dr. F. Wilhelm

Schriftleitung: Dr. St. v. Gnielinski

Band 15

FRIEDRICH WILHELM

Niederschlagsstrukturen im Einzugsgebiet des Lainbaches bei Benediktbeuern/Obb.

mit 40 Figuren und 19 Tabellen

1975

Institut für Geographie der Universität München

Kommissionsverlag: Geographische Buchhandlung, München

Rechte vorbehalten

Ohne ausdrückliche Genehmigung der Herausgeber ist es nicht gestattet, das Werk oder Teile daraus nachzudrucken oder auf photomechanischem Wege zu vervielfältigen.

Ilmgaudruckerei 8068 Pfaffenhofen/Ilm, Postfach 86

Anfragen bezüglich Drucklegung von wissenschaftlichen Arbeiten, Tauschverkehr sind zu richten an die Herausgeber im Institut für Geographie der Universität München, 8 München 2, Luisenstraße 37.

Kommissionsverlag: Geographische Buchhandlung, München
ISBN 3 920 397 746

INHALTSVERZEICHNIS

1. EINLEITUNG	1
2. DAS NIEDERSCHLAGSGEBIET DES LAINBACHES	8
2.1 Lage und Reliefverhältnisse	8
2.2 Instrumentierung des Niederschlagsgebietes	10
3. DIE NIEDERSCHLAGSEREIGNISSE IM SOMMER 1972 UND 1973	14
3.1 Die zeitliche Struktur der Niederschläge	14
3.1.1 Die Monats- und Tagessummen des Niederschlags	14
3.1.2 Dauer und Niederschlagssummen bei Einzelniederschlagsereignissen	19
3.1.3 Niederschlagsintensitäten bei Einzelereignissen	24
3.1.4 Zeitliche Variabilität der Niederschläge	29
3.1.5 Konsequenzen aus der zeitlichen Variabilität für hydrologische Fragen	33
3.2 Die räumliche Struktur der Niederschläge	35
3.2.1 Korrelation der Niederschlagshöhen zwischen den Stationen	35
3.2.2 Der Einfluß der Reliefkammerung auf die Niederschlagsverteilung	38
3.2.3 Räumliche Variabilität der Niederschläge	41
3.2.4 Horizontale Lagetypen der Niederschlagsverteilung	46
3.2.5 Die Änderung des Niederschlags mit der Höhe über NN	59
3.2.6 Quantifizierung der Lageeinflüsse	64
4. DER GEBIETSNIEDERSCHLAG	69
5. ZUSAMMENFASSUNG	75
SUMMARY	78
SCHRIFTENVERZEICHNIS	81

FIGURENVERZEICHNIS

Fig. 1: Schematische Darstellung der Fehlerquellen bei der Erfassung des meteorologischen und hydrologischen Niederschlags ... 2

Fig. 2: Geographische Lage des Niederschlagsgebietes Lainbachtal ... 7

Fig. 3: Topographie und Geräteausstattung des Niederschlagsgebietes "Lainbachtal" ... 8

Fig. 4: Pentadenminimum der Lufttemperatur für 1972 an den Klimastationen Tutzinger Hütte (1340 m) und Lainbach (670 m) ... 10

Fig. 5: Auflösevermögen der Niederschlagsintensitäten eines Starkregens am 25.7.1972 durch Trommel-, Bandschreiber und Niederschlagswaagen ... 13

Fig. 6: Mittlere Gebietsniederschlagssummen für Halbmonats- und Monatsintervalle im Einzugsgebiet des Lainbaches im Sommer 1972 und 1973 ... 17

Fig. 7: Mittlere Niederschlagsintensitäten in mm pro Niederschlagstag und Niederschlagsdauer für Halbmonate im Sommer 1972 und 1973 im Lainbachgebiet ... 17

Fig. 8: Tagesniederschlagshöhen für den Sommer 1972 ... 18

Fig. 9: Häufigkeit der Niederschlagsdauer von Einzelereignissen in den Sommern 1972 und 1973 ... 20

Fig. 10: Häufigkeitsverteilung der Niederschlagshöhen für die Sommerniederschläge 1972, 1973 und die Summe aus beiden Jahren ... 21

Fig. 11: Häufigkeitsverteilung von Starkregen in den Zeitintervallen 15' bzw. 30' für einzelne Klassen der Niederschlagsdauer ... 23

Fig. 12: Zunahme der mittleren maximalen Niederschlagsintensität in den Intensitätsintervallen 15', 30', 60' und 120' mit wachsender Niederschlagsdauer ... 25

Fig. 13: a) Relative Unterschiede der mittleren Maximalintensitäten in den Intensitätsintervallen 15' bis 120' bei unterschiedlicher Niederschlagsdauer in Prozent der 15'-Intensität. b) Relative Abnahme der mittleren Maximalintensitäten mit Zunahme der Länge der Intensitätsintervalle ... 28

Fig. 14: Niederschlagsverteilung eines Starkregens am 25./26.7.1972 und eines Landregens am 10. bis 13.7.1972 30

Fig. 15: Halbstundenintensitäten des Niederschlags bei einem Starkregen am 25./26.7.1972 31

Fig. 16: Halbstundenintensitäten der Niederschläge bei einem Landregen am 10. bis 13.7.1972 33

Fig. 17: Abnahme des Korrelationskoeffizienten zwischen Niederschlagshöhe und Distanz mit wachsender Entfernung 36

Fig. 18: Doppelmassenkurven der Niederschlagshöhen an den Stationen Brandenberg und Obere Hausstatt gegen die mittlere Gebietsniederschlagshöhe 39

Fig. 19: Über- und unterdurchschnittliche Niederschlagshöhen in Abhängigkeit von der Richtung der kräftigsten Winde während der Niederschlagsereignisse an den Stationen Glaswand und Hirschwiese als Beispiel für einen Nischeneffekt 40

Fig. 20: Häufigkeitsverteilung der Niederschlagshöhen für 12 Meßstellen bei Einzelereignissen mit unterschiedlichen Ergiebigkeiten 42

Fig. 21: Zusammenhang zwischen den Logarithmen der Standardabweichung und des mittleren Gebietsniederschlages in den Sommern 1972 und 1973 42

Fig. 22: Zusammenhang zwischen den Logarithmen des Variabilitätskoeffizienten und des mittleren Gebietsniederschlages im Sommer 1972 43

Fig. 23: Häufigkeitsverteilung des Variationskoeffizienten für alle Niederschlagsereignisse im Sommer 1972 44

Fig. 24: Niederschlagsverteilung im Lainbachgebiet in der zweiten Maihälfte und im Juni 1972 47

Fig. 25: Niederschlagsverteilung im Lainbachgebiet im Juli und August 1972 49

Fig. 26: Niederschlagsverteilung im Lainbachgebiet Im September und im Sommer 1972 49

Fig. 27: Schema der horizontalen Lagetypen der Niederschlagsverteilung 51

Fig. 28: Windrose für Zeiten mit Niederschlag im Sommer 1972 52

Fig. 29:	Horizontale Lagetypen der Niederschlagsverteilung (II, III)	53
Fig. 30:	Horizontale Lagetypen der Niederschlagsverteilung (V, VIII)	53
Fig. 31:	Schema eines Niederschlagsgebietes, von dem ein Teilbereich durch ein Spezialnetz erfaßt wird	58
Fig. 32:	Vergleich der Niederschlagsverteilungen bei Einzelereignissen anhand der Daten eines weitständigen amtlichen und eines dichten eigenen Niederschlagsnetzes	59
Fig. 33:	Regressionsgerade für die Änderung der Niederschläge mit der Höhe über NN	61
Fig. 34:	Häufigkeitsverteilung der Höhengradienten des Niederschlages	61
Fig. 35:	Schema zur Quantifizierung der horizontalen und vertikalen Lageeinflüsse	65
Fig. 36:	Absolute und relative Anteile der horizontalen und vertikalen Lagefaktoren am prozentualen mittleren Fehler (Abweichung) des Mittelwertes	67
Fig. 37:	Restvariation nach Korrektur der horizontalen und vertikalen Lagefaktoren	68
Fig. 38:	Thiessenpolygone für das Lainbachgebiet	69
Fig. 39:	Vergleich der Niederschlagssummen und Niederschlagsverteilung nach den Daten des amtlichen und des eigenen Spezialnetzes	73
Fig. 40:	Differenz der Niederschlagshöhen in Prozent zwischen den Meßdaten nach dem amtlichen und dem Spezialnetz in Abhängigkeit von der Dauer des Niederschlagszeitraumes	74

TABELLENVERZEICHNIS

Tab. 1:	Stationsverzeichnis der Niederschlagsmeßstellen im Lainbachgebiet	12
Tab. 2:	Vergleich der Niederschlagshöhen im Lainbachgebiet und an der Station Benediktbeuern 1972/73 mit dem langjährigen Mittel	15
Tab. 3:	Zahl der Niederschlagstage, Niederschlagshöhen, mittlere Niederschlagsintensitäten pro Niederschlagstag, größte Tagessummen des Gebietsniederschlages für Halbmonate, Monate und Gesamtbeobachtungsdauer in den Sommern 1972 und 1973	16
Tab. 4:	Kennzahlen der log-normalverteilten Andauerzeiten der Einzelniederschlagsereignisse in den Sommern 1972 und 1973	20
Tab. 5:	Kennzahlen der log-normalverteilten Niederschlagshöhen von Gesamtregen in den Sommern 1972 und 1973	22
Tab. 6:	Zunahme der Niederschlagshöhen (Mittelwerte) mit wachsender Niederschlagsdauer und mittlere Niederschlagsintensitäten für die Gesamtereignisse in den Sommern 1972 und 1973	22
Tab. 7:	Charakteristische Zahlenwerte der Verteilung der Maximalintensitäten bei einzelnen Niederschlagsereignissen im Sommer 1972	26
Tab. 8:	Maximalintensitäten in den Intervallen 15', 30', 60' und 120' in den Monaten Mai bis September 1972	28
Tab. 9:	Mittlere Niederschlagshöhe pro Ereignis und Variabilitätskoeffizient in den Monaten Mai bis September 1972, 1973 und 1972/73	29
Tab.10:	Korrelationskoeffizienten, Standardabweichung und Steigung der Regressionsgerade zwischen den Niederschlagshöhen der Stationen Brandenberg und Obere Hausstatt gegen die Gebietsniederschlagshöhe im Sommer 1972	39
Tab.11:	95%-Vertrauensbereich der Mediane und Mittelwerte des Variationskoeffizienten des Gebietsniederschlages für 1972 und 1973	45
Tab.12:	Zuordnung der Einzelniederschlagsereignisse zu den zehn ausgeschiedenen Niederschlagslagen 1972 und 1973	51

Tab. 13:	Prozentuale Häufigkeit der Windrichtungen während Niederschlag im Sommer 1972, gegliedert nach Lagen	54
Tab. 14:	Zusammenhang zwischen Niederschlagslage und Oppositionswindrichtung	56
Tab. 15:	Höhengradienten des Niederschlages in mm/100 m Höhendifferenz und Höhenänderung der Meßstationen in gleicher Richtung wie die Lagetypen	57
Tab. 16:	Monatsniederschlagssummen und Höhengradienten für 1972 und 1973 im Lainbachgebiet	63
Tab. 17:	Verringerung der prozentualen Streuung der Lage- und Höhenkorrektur bei den Lagen I-VIII	68
Tab. 18:	Niederschlagsspenden für Teileinzugsgebiete und Gesamtgebiet nach unterschiedlichen Berechnungsverfahren	70
Tab. 19:	Niederschlagsmenge und mittlere Abweichung auf dem 10%-Irrtumsniveau für einzelne Niederschlagslagen, Monat und den Sommer 1972	71

1. EINLEITUNG

In der allgemeinen Wasserhaushaltsgleichung $N = A+V$, die nach R. KELLER (1961, S. 332) E. BRÜCKNER 1887 erstmals formulierte, werden Niederschlag (N) und Abfluß (A) meist als relativ leicht und genau meßbare Größen aufgefaßt. Danach bereitet nur die Erfassung der Verdunstung (V) Schwierigkeiten. Aber auch bei der Bestimmung der mittleren Gebietsniederschlagshöhe, entsprechend bei Niederschlagsmenge und der Niederschlagsspende treten vor allem in stärker reliefiertem Gelände erhebliche Unsicherheiten auf. Sie werden nur vielfach bei hydrologischen Berechnungen nicht berücksichtigt.

Betrachtet man z.B. die linearen Regressionsgleichungen zwischen der unabhängigen Variablen Niederschlag und der abhängigen Abfluß, wie sie von H. KELLER (1906) entwickelt und seither vielfach (u.a. G. BRENKEN, 1960) anhand eines weitgestreuten Datenmaterials dargestellt wurden, so sieht man, daß der Zusammenhang zwischen beiden Größen oft mäßig ist. Die Korrelationskoeffizienten (r_{NA}) zwischen Niederschlag und Abfluß liegen meist in den Grenzen $0.4 < r_{NA} < 0.8$. Die z.T. nur schwache Korrelation wird allgemein mit sogenannten "Milieufaktoren" erklärt. Der geringe Zusammenhang wird aber auch noch durch andere Ursachen bedingt.

Zunächst sei einmal darauf hingewiesen, daß der in der Berechnung eingehende "mittlere Abfluß" in der Natur real nicht vorkommt. Ferner wird von einer häufig großen Niederschlagshöhe auf eine verhältnismäßig geringe Abflußhöhe geschlossen, woraus sich eine zusätzliche Unsicherheit ergibt. Viel wichtiger scheint mir jedoch noch, daß im Regelfall nicht zwischen hydrologischem und meteorologischem Niederschlag, wie ihn z.B. K. SCHNEIDER-CARIUS (1957, S. 112) definierte, unterschieden wird. J.C. RODDA (1968, S. 216) schreibt dazu: "... there is still no method of measuring the quantity of rain falling at a particular point on the earth surface to a known degree of accuracy." P.S. EAGLESON und W.J. SHACK

(1966, S. 428) haben aus der unsicheren Erfassung der Regenhöhen die Folgerung gezogen, daß es die gegenwärtigen Kenntnisse auf dem Gebiet der Hydrologie noch nicht erlauben, den Abfluß quantitativ als Funktion vom Niederschlag zu formulieren. Die Unsicherheit der punktuellen Messung in Abhängigkeit von Art und Aufstellung der Niederschlagsmesser sowie von einer Reihe meteorologischer und reliefbedingter

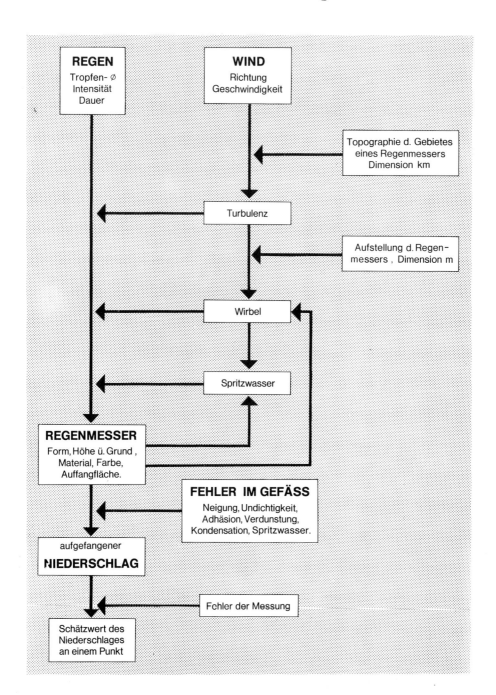

Fig. 1: Schematische Darstellung der Fehlerquellen bei der Erfassung des meteorologischen und hydrologischen Niederschlages nach J.C. RODDA (1968)

Parameter ist seit langem bekannt. Bereits vor mehr als 100 Jahren haben W.S. JEVONS (1861) auf den Einfluß des Windes auf die Meßergebnisse - Jevons-Effekt - und F.W. STOWE (1871) auf zu geringe Mengen in Auffanggefäßen über Grund hingewiesen. Diese Probleme sind zwar nicht Gegenstand der nachfolgenden Untersuchungen; da aber die Meßgenauigkeit in die Bestimmung des Gebietsniederschlages eingeht, sollen wenigstens in einem vereinfachten Schema nach J.C. RODDA (1968) die vielfältigen Auswirkungen meteorologischer, geländetypischer und gerätespezifischer Bedingungen auf die Niederschlagsmessung dargestellt werden (Fig. 1). Nach Fig. 1 verfälschen vor allem Wind und Wirbelbildungen am Gefäß die Niederschlagsmessung. Aber auch die übrigen Faktoren müssen bei einer exakten Darstellung berücksichtigt werden. Dem "meteorologischen Niederschlag" entspricht in Fig. 1, linke Kolonne, das Kästchen "aufgefangener Niederschlag." Er unterscheidet sich vom "hydrologischen Niederschlag", jener Menge also, die am Boden auftrifft, durch den "Fehler der Messung" (unterstes Kästchen der Kolonne 1 in Fig. 1).

Wie J.C. RODDA (1971) ausführt, zeigen im Boden versenkte Niederschlagsmesser gegenüber der Standardaufstellung in 30,5 cm (1 foot) über Grund in England in relativ ebenem Gelände in den Sommermonaten zwischen 2 - 5%, im Winter sogar 8 - 12% mehr Niederschlag an, mit Extremabweichungen von -1% und +21%. A.P. BOCHKOV und L STRUZER (1971) weisen für das Gebiet der UdSSR auch eine regionale Differenzierung des Meßfehlers zwischen 10 - 20% des Jahresniederschlages an der Schwarzmeerküste und 40 - 50%! in N-Kasachstan und E-Sibirien nach. Diese Unterschiede zwischen meteorologischem und hydrologischem Niederschlag werden durch zahlreiche weitere Arbeiten bestätigt, von denen hier nur W. KREUTZ (1952), W. MALSCH (1952), J. GRUNOW (1953a), H.C. ASLYNG (1965), T. ANDERSSON (1966) und B. SEVRUK (1973) erwähnt seien.

In Hochgebirgen bei extremen Windexpositionen sind die Unsicherheiten bei der Niederschlagsmessung noch größer (J. OTNES, 1972, S. 3). Schon F. STEINHAUSER (1934) hat im Sonnblickgebiet auf Abweichungen zwischen gefallenem und registriertem Niederschlag in der Größe von -52% bis +23% hingewiesen. Bei B. SEVRUK (1973, Tab. 1, S. 14) sind für zwei benachbarte Totalisatoren in 1820 m ü.NN mit horizontaler Auffangfläche 1236 mm, mit hangparalleler 2616 mm Jahresniederschlag ausgewiesen. Die Differenz der Auffangmenge beträgt danach 112%. Andere Totalisatorenpaare in gleicher Höhenstufe zeigen Differenzen von 93% bzw. 67%. Unter diesen Bedingungen werden Niederschlagsmessungen mit horizontalen Auffangflächen für hydrologische Auswertungen unbrauchbar. J. GRUNOW (1953b, 1956) empfiehlt daher Totalisatoren oder Ombrographen mit oberflächenparallelen Öffnungen vorzuziehen.

Auch die Wasserspende durch Nebel wird mit den üblichen Meßgeräten nicht erfaßt. Nach J. GRUNOW (1956, S. 66) beträgt der Nebelniederschlag am Hohen Peissenberg in zentralen Waldgebieten 15 - 22%, an Bestandsrändern 54% und kann in Extremfällen (J. GRUNOW 1953b, S. 36) auf das Dreifache der normalen Jahresniederschlagshöhe ansteigen.

Die kurze Ausführung soll nur zeigen, daß die Messung des hydrologischen Niederschlages mit beträchtlichen Fehlern behaftet ist, die in alle weiteren Berechnungen mit eingehen. Es kann also gar nicht verwundern, wenn die Korrelationskoeffizienten zwischen Niederschlag und Abfluß teils nur sehr niedrig sind.

Mit diesen Bemerkungen ist nur ein erster Fehlerkreis angesprochen, der sich bei der punktuellen Messung der Niederschläge ergibt. Eine weitere Unsicherheit tritt bei der Ermittlung des Gebietsniederschlages auf, also bei der Zuordnung der punktuellen Meßwerte zu einer Fläche. Man könnte zunächst annehmen, daß sich hierbei keine weiteren Fehler einstellen. Den mittleren Gebietsniederschlag ($\bar{N}$) erhält man relativ einfach durch Planimetrieren der von den Isohyeten umschlossenen einzelnen Teilfächen (fi) auf einer Niederschlagskarte. $\bar{N} = \frac{\Sigma fiNi}{\Sigma fi}$ mit zur Teilfäche fi gehörender mittlerer Niederschlagshöhe Ni. Bereits im Zeichnen der Isohyeten einer Niederschlagskarte steckt ein subjektiver Fehler, der weiter nicht erfaßbar ist. Eine lineare Interpolation zwischen den einzelnen Meßpunkten ist selbst in ebenem Gelände innerhalb eines begrenzten Niederschlagsgebietes (Einzelereignis) nach dem durch engmaschige Beobachtungsnetze bekannten Verteilungsmustern der Niederschlagshöhen nicht zulässig. Noch viel schwieriger ist die Situation bei einem Gebirgsrelief, wo an die "Erfahrung" des Bearbeiters hohe Anforderungen gestellt werden, und bei der Führung der Isohyeten ein breiter Spielraum gegeben ist. Der gleichen Subjektivität unterliegt damit das von W. MEINARDUS (1900) vorgeschlagene, vereinfachte Verfahren, das ebenfalls Niederschlagskarten als Grundlage benützt. Gute Werte des Gebietsniederschlages liefert auch die von A.H. THIESSEN (1911) entwickelte Methode des gewichteten Mittels der einzelnen Niederschlagsstationen. Berücksichtigt man bei der Konstruktion der Polygone die Korrelation der Niederschlagshöhen zwischen den Stationen, so können sehr zuverlässige Werte von $\bar{N}$ erzielt werden.

Dieser Mittelwert $\bar{N}$ ist das Mittel einer Stichprobe mit einer endlichen Anzahl (n) von Beobachtungen (Stationen), bei unendlich vielen Möglichkeiten. Er ist gegenüber dem wirklichen Gebietsmittel μ des gesamten Niederschlagsfeldes, das für ein Einzelniederschlagsereignis als Diskretum (Grundgesamteinheit) aufgefaßt werden kann, mit einem mittleren Fehler $S_{\bar{N}} = \frac{s}{\sqrt{n}}$ behaftet (s = Standardabweichung). Auf diese Tatsache hat bereits R.E. HORTON (1923) hingewiesen. Es dauerte aber noch fast 40 Jahre, ehe die ersten Ansätze zur Lösung dieser Fragen, vor allem durch die Aktivitäten während der IHD, weiter ausgebaut wurden. Knappe Zusammenfassungen über statistische Auswerteverfahren finden sich bei C. TOEBES und V. OURYVAYEW (1968), R.L. KAGAN (1972a) und G.M. McKAY (1973).

Da der mittlere Fehler des Mittelwertes neben der Variabilität des Niederschlages in einem Niederschlagsfeld von der Anzahl der Stationen in einem Einzugsgebiet abhängig ist, für seine Halbierung eine geometrische Progression der Zahl der Meßstellen erforderlich ist, werden sehr schnell ökonomisch noch vertretbare Grenzen der Geräteinstallation erreicht. Deshalb wurde der Planung von Beobachtungsnetzen in den letzten Jahren, u.a. durch Arbeiten von A.F. RAINBIRD (1965), F. DESI et.al. (1965), P.S. EAGLESON (1967) und R.L. KAGAN (1972b) besondere Beachtung gewidmet. Auch über die Genauigkeit der Schätzung des Gebietsniederschlages sind erste Ergebnisse u.a. von J.L. McGUINESS (1963), J.V. SUTCLIFF (1966), P. HUTCHINSON (1969, 1971) und F.A. HUFF (1970) veröffentlicht. Diese Untersuchungen stammen vielfach von ebenem bis hügeligem Gelände. Von Hochgebirgen liegen meist nur Beobachtungen eines mehr oder minder dichten Totalisatorennetzes mit Monats- oder Halbjahreswerten vor, die keinen Schluß auf die Regenhöhen bei Einzelniederschlagsereignissen zulassen. Im Rahmen eines von der Deutschen Forschungsgemeinschaft geförderten Untersuchungsprogrammes zur Hydrologie eines alpinen Niederschlagsgebietes (s.A. HERRMANN et al., 1973) konnten in dem 18.664 km² großen Einzugsgebiet des Lainbaches bei Benediktbeuern/Obb. 12 Niederschlagsschreiber der Fa. Lambrecht und drei Niederschlagswaagen der Fa. Fuess installiert werden. Die registrierenden Geräte geben einen Einblick in den wechselhaften Ablauf der einzelnen Niederschlagsereignisse in einem alpinen Relief. Anhand von Beobachtungen aus vier Sommermonaten, von Mitte Mai bis Mitte September 1972, mit 63 Niederschlagsereignissen, soll versucht werden, die Variabilität der Regenfälle darzustellen und, soweit es das Material erlaubt, die Ursachen dafür zu klären. Ergänzend dazu werden auch einige Daten vom Sommer 1973 mit angeführt, die E. FINK (1974) ausgewertet hat.

Diese Zeitspanne von nur vier Monaten mag für statistische Untersuchungen von manchem als sehr kurz gewertet werden. Die Ergebnisse der Bearbeitung und ihre gute Übereinstimmung mit anderen publizierten Werten hat mich aber ermutigt, schon jetzt darüber zu berichten.

Die Durchführung des Forschungsprogrammes ist nur möglich gewesen durch die Finanzierung seitens der Deutschen Forschungsgemeinschaft, der verständnisvollen Mithilfe des Vorstandes des Forstamtes Benediktbeuern, Herrn Forstdirektor Prof.Dr.R. Magin, der tatkräftigen technischen Hilfe durch das Wasserwirtschaftsamt Weilheim und der Flußmeisterstelle Benediktbeuern, dem unermüdlichen Einsatz meiner Mitarbeiter Dr.A. Herrmann und Dr.K. Priesmeier sowie der bereitwilligen Mithilfe von Studierenden des Geographischen Instituts der Universität München. Ihnen sei allen sehr herzlich gedankt.

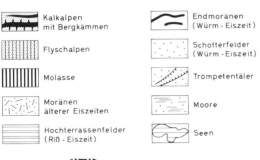

Fig. 2: Geographische Lage des Niederschlagsgebietes "Lainbachtal" - Geomorphologie nach C. TROLL (unveröffentlicht).

2. DAS NIEDERSCHLAGSGEBIET DES LAINBACHES

2.1 Lage und Reliefverhältnisse

Das Niederschlagsgebiet des Lainbaches mit 18.664 km² liegt rund 55 km SSW von München im Grenzbereich von Flysch- und Kalkvoralpen bei Benediktbeuern (Fig. 2). Der Lainbach ist ein rechter Nebenfluß der Loisach. Eine knappe Zusammenfassung über die geomorphologischen, hydrologischen und klimatischen Verhältnisse sowie über die Instrumentierung des Gebietes finden sich bei A. HERRMANN et al. (1973). Hier soll nur soweit auf die Reliefsituation eingegangen werden, wie es für die Auswertung der Niederschlagsbeobachtung erforderlich erscheint.

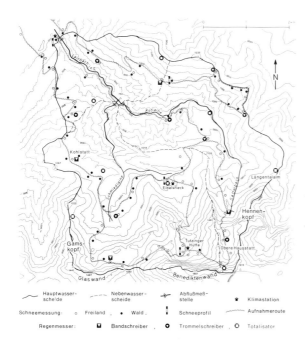

Fig. 3: Topographie und Geräteausstattung des Niederschlagsgebietes "Lainbachtal".

Das etwa quadratische Niederschlagsgebiet des Lainbaches wird im N von Höhen mit 1000 bis 1225 m umrahmt. Sowohl im E als auch im W steigen die meist bewaldeten Höhen gegen S auf 1400 m und wenig mehr an. Im S verläuft die Wasserscheide über den markanten, W-E-streichenden Wettersteinzug von

Glaswand und Benediktenwand mit einer maximalen Höhe von
1801 m. Der tiefste Punkt liegt am Pegel Lainbach bei
670 m.

Der E des Niederschlagsgebietes wird von Sattelbach und
Kotlaine (F_N = 6.545 km²), der SW von der Schmiedlaine
(F_N = 8.867 km²) und der NW vom Lainbach i.e.S (F_N =
3.252 km²), der aus der Vereinigung der beiden Hauptquell-
äste entsteht, entwässert. Die gesamte Einzugsgebietsflä-
che bemißt sich also auf 18.664 km². Der Haupttalverlauf
ist generell SE - NW gestreckt (Fig. 3), so daß er gegen
die Richtung der niederschlagsbringenden Winde aus W und
NW geöffnet ist. Im Sommer 1973 entfielen nach der Windrose (Fig. 28) für die Dauer von Niederschlagsereignissen
25.8% auf W- und 20.8% auf die NW-Richtung. Für die Venti-
lation und damit auch für die Niederschlagsverteilung
dürfte ferner von Bedeutung sein, daß die Wasserscheide
im E, NW der Längentalalm beim östlichsten Trommelschreiber (Fig. 3), gegen das Isargebiet durch einen Sattel mit
nur wenig über 1100 m geöffnet ist.

Die Talhänge dachen im N und E ziemlich gleichmäßig steil
von den Kulminationsgebieten zu den Gerinnebetten ab. Nur
im Bereich der Bauernalm (Lage des Bandschreibers N der
Kotlaine, Fig. 3) findet sich in rund 950 bis 1000 m eine
kleine Verflachung. Sie gehört mit zu jener großen Ebenheit, die sich von der Kohlstatt im W bis ostwärts von
Eibelsfleck in 1000 bis 1100 m hinzieht. Das Flachrelief
wird vorwiegend aus Staubeckensedimenten der letzten Eis-
zeit, überlagert von Fern- und Lokalmoräne, aufgebaut.
Völlig anders ist der S-Teil des Niederschlagsgebietes
gestaltet. Durch mehrere S-N-streichende Rücken tritt eine
ausgesprochene Kammerung des Reliefs auf. Oberhalb eines
markanten Steilanstieges, der sich vom Gamskopf im W bis
zum Hennenkopf im E verfolgen läßt (tektonisch die Grenze
zwischen Lechtal- und Allgäueinheit), finden sich am Fuße
der Glaswand, an der Tutzinger Hütte und im Bereich der
Oberen Hausstatt Kare, die nach S von steilen Wänden um-

schlossen werden. Diese Kammerung bewirkt, wie noch gezeigt werden wird, eine sehr ungleiche Niederschlagsverteilung, wobei Luv- und Lee-Effekte auftreten. Das Gebiet ist zu rund 80% bewaldet, mit Mischwald (Fichte, Buche, Tanne, Bergahorn und Ulme) in der collinen und montanen Stufe bis 1300 m. In der subalpinen Stufe von 1300 - 1600 m überwiegt der Fichtenwald.

2.2 Instrumentierung des Niederschlagsgebietes

Um neben den Niederschlagshöhen auch die Niederschlagsintensitäten als wichtige Größe für hydrologische Untersuchungen zu erhalten, wurden für die Arbeiten vorwiegend registrierende Niederschlagsgeräte mit 200 cm² Auffangfläche gewählt. Im einzelnen sind es acht Trommelschreiber mit achttägigem Umlauf, vier Bandschreiber mit vierwöchigem Uhrwerkgang und drei Niederschlagswaagen, die je nach Bedarf auf acht- oder vierzehntägigen Gang eingestellt werden können. Bei 15 registrierenden Geräten auf 18.664 km² Niederschlagsgebietsfläche ist die Stationsdichte mit im Mittel einer Meßstelle pro 1.24 km² für alpine Regionen relativ hoch.

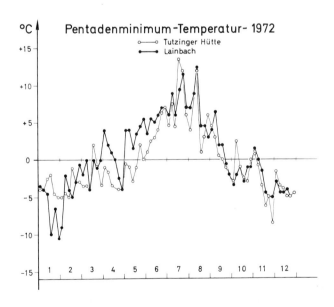

Fig. 4: Pentadenminimum der Lufttemperatur für 1972 an den Klimastationen Tutzinger Hütte (1340 m) und Lainbach (670 m).

Der Meßzeitraum für Trommel- und Bandschreiber (unbeheizte Geräte) ist durch die frostfreie Periode festgelegt. Nach Fig. 4 liegen die Minima der Tagesmitteltemperatur in den

einzelnen Pentaden bei der Klimastation Lainbach (670 m)
bis Ende April, an der Station Tutzinger Hütte (1340 m)
bis Mitte Mai unter 0°C, und schon Mitte September traten
1972 an beiden Stationen wieder Fröste auf. Fig. 4 weist
ferner aus, daß besonders im Januar und in der ersten Februarhälfte extrem starke Temperaturinversionen auftreten.
Die Tagesmittel mit -10°C oder -12°C an der Station Lainbach in 670 m, in dem steil eingeschnittenen Tal, sind um
6 bis 7°C niedriger als an der Tutzinger Hütte in 1340 m
mit -4° bzw. -5°C. Damit ist der mögliche Meßzeitraum mit
allen Geräten auf etwa vier Monate beschränkt. Die drei
Niederschlagswaagen liefern ganzjährig Daten. Um auch in
den Übergangsjahreszeiten und im Winter zumindest für die
Monatssummen ein dichteres Stationsnetz verfügbar zu haben,
wurden zudem acht Monatstotalisatoren aufgestellt. Die Wasserspeicherung in der Schneedecke im Winter wird durch Bestimmung des Wasseräquivalentes auf 91 Repräsentativflächen
erfaßt.

Bei der Planung des Beobachtungsnetzes wurde darauf geachtet, daß alle Reliefgegebenheiten, die Einfluß auf die Niederschlagsverteilung nehmen können, berücksichtigt wurden.
Die Verteilung der Niederschlagsmesser geht aus Fig. 3 hervor; die Lage der Niederschlagswaagen ist identisch mit der
der Klimastationen. Die Auffangöffnungen der Trommel- und
Bandschreiber befinden sich 145 cm über Grund. Die Niederschlagswaagen mußten mit 270 cm wegen der winterlichen
Schneehöhe wesentlich höher gesetzt werden. Die Auffangöffnungen sind mit einem Windschutzschirm ausgestattet.
Die Meßgeräte sind im Regelfall mit einem Abstand von mindestens einer Stammhöhe von den Waldrändern aufgestellt.
Zwar ist eine größere Entfernung anzustreben, doch war dies
in dem stark bewaldeten Gebiet nicht immer möglich. Ferner
wurde versucht alle Niederschlagsmesser auf größeren Ebenheiten aufzustellen, um den Hangeffekt auszuschließen. Nur
vier von 15 Geräten befinden sich in ausgesprochenen Hanglagen (s. Tab. 1). Bei der Auswertung werden von den 15
Stationen die drei Niederschlagswaagen nicht berücksichtigt,

da durch einen kleinen technischen Fehler, der inzwischen beseitigt ist, im Mittel zu geringe Niederschlagshöhen gemessen wurden.

Von den verbleibenden 12 Stationen entfallen (s. Fig. 3) vier auf die süd- bis südwestexponierte nordseitige Talflanke von Lainbach und Kotlaine (Nr. 1, 2, 3 und 7). Die Meßstelle Söldneralm (Nr. 5) liegt im Bereich der Talkerbe. Auf der großen zentralen Flachform in rund 1000 m ü.NN befindet sich im E die Station Brandenberg (Nr. 6) und im W Kohlstatt (Nr. 8). In der westlichen Nische, im Einzugsgebiet der Schmiedlaine, stehen die Stationen Nr. 9 und 11, in der östlichen, Einzugsgebiet des Sattelbaches, die Geräte Nr. 10 und 12. Das Kar der Tutzinger Hütte und die Freifläche Eibelsfleck ist durch Niederschlagswaagen besetzt, die aber für 1972 nicht ausgewertet werden können.

Station	Nr.	Lage	Höhe ü.NN m	Repräsentativflächen km^2
Nußstaude	1	H	830	1.803
Bauernalm	2	E	980	1.326
Buchenauer Kopf	3	H	1140	0.688
Auffahrt	4	H	960	1.184
Söldneralm	5	E (T)	840	1.345
Brandenberg	6	E	1020	3.361
Sattelalm	7	H	1120	1.051
Kohlstatt	8	E	1025	1.514
Hirschwiese	9	E (N)	1025	1.948
Tiefentalalm	10	E (N)	1275	1.245
Glaswandkar	11	E (N)	1275	2.749
Obere Hausstatt	12	E (N)	1975	0.450

Tab. 1: Stationsverzeichnis der Niederschlagsmeßstellen im Lainbachgebiet. In der Spalte Lage bedeuten H am Hang, E Ebenheit. Die in Klammern gesetzten Buchstaben geben die zusätzliche Information (T) Tallage, (N) Nischenlage. Die Spalte Repräsentativfläche weist die nach den Thiessenpolygonen den einzelnen Geräten zugeordnete Niederschlagsfläche aus.

Nach Tab. 1 umfassen die 12 Niederschlagsmesser ein Höhenintervall von 645 m, zwischen 830 und 1475 m ü.NN. Die den einzelnen Stationen zugeordneten Niederschlagsflächen liegen im allgemeinen zwischen 1 bis 2 km². Nur Buchenaukopf (Nr. 3) und Obere Hausstatt (Nr. 12) liegen darunter. Der größere Wert für Brandenberg (Nr. 6) mit 3.361 km² erklärt sich dadurch, daß die Niederschlagswaagen am Eibelsfleck und an der Tutzinger Hütte 1972 teilweise ausfielen. Aus Korrelationsanalysen der Niederschlagshöhen zwischen den Stationen ergab sich, daß die zentrale Nische am besten durch die Werte der Meßstelle Brandenberg mit erfaßt wird. So wurden die Flächen Eibelsfleck und Tutzinger Hütte der Station Brandenberg zugeordnet.

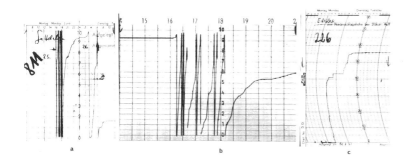

Fig. 5: Auflösevermögen der Niederschlagsintensität eines Starkregens am 25.7.1972 durch Trommel- (a), Bandschreiber (b) und Niederschlagswaagen (c).

Die einzelnen eingesetzten Gerätetypen weisen unterschiedliche Vorzüge auf. Trommelschreiber und Niederschlagswaagen zeichnen sich durch einen sehr präzisen Gang der Uhrwerke aus. Bei den Bandschreibern tritt dagegen gelegentlich eine Verzögerung im Papiervorschub auf. Sie haben aber mit einem Papiervorschub von 20 mm pro Stunde ein wesentlich besseres zeitliches Auflösevermögen als die beiden anderen Geräte mit nur einem von 2 mm pro Stunde. Dies wirkt sich vor allem bei sehr kräftigen Niederschlägen aus. Bei einem Starkregen am 25.7.1972 (Fig. 5) kann am Trommelschreiber Sattelalm (a) nur mit Mühe die Gesamtniederschlagshöhe (92.9 mm) festgestellt werden, am Bandschreiber Tiefentalalm (b) mit einer

Niederschlagshöhe von 100.2 mm lassen sich aber auch noch
die Halbstundenintensitäten sicher auswerten. Zwar ist bei
der Niederschlagswaage (c) die Erfassung der Niederschlagshöhe
(56.3 mm) leichter als beim Trommelschreiber, doch
reicht die zeitliche Auflösung nicht, um für die Dauer der
maximalen Regenergiebigkeit auch die Intensitäten zu messen.

3. DIE NIEDERSCHLAGSEREIGNISSE IM SOMMER 1972 UND 1973

3.1 Die zeitliche Struktur der Niederschläge

3.1.1 Die Monats- und Tagessummen des Niederschlags

Von 123 Beobachtungstagen im Sommer 1972 (122 im Sommer 1973)
wiesen 78 (73) (s.Tab. 3) einen Niederschlag von mehr als
0.3 mm auf. Der Schwellenwert von 0.3 mm wurde gewählt, weil
bei geringeren Niederschlagshöhen vielfach nicht an allen
12 Stationen Niederschlag fiel. Als Niederschlagstag ist
in Abweichung von den Beobachtungsterminen des Deutschen
Wetterdienstes (7.00 Uhr) der Kalendertag von 0.00 bis 24.00
Uhr festgelegt worden. Danach fiel im Sommer 1972 an 63%
aller Beobachtungstage, 1973 an 60% Niederschlag. In beiden
Jahren unterscheiden sich die Monate Mai, Juni und Juli mit
erheblich größerer Niederschlagshäufigkeit vom August und
September mit mehr schönen Tagen (s.Tab. 3).

Die Gesamtgebietsniederschlagshöhe (gewichtetes Mittel aus
allen 12 (1972), bzw. 11 (1973) Stationen) betrug vom 16.5.
bis 15.9.1972 676 mm, vom 1.6. bis 30.9.1973 863 mm. Für
die vergleichbaren Zeiträume vom 1.6. bis 15.9. lauten die
Werte 626 mm 1972 und 768 mm 1973. 1972 war also erheblich
trockener als das Folgejahr.

Wie Tab. 2 zeigt, liegen die Werte für Benediktbeuern im
Jahr 1972 deutlich unter, 1973 dagegen wenig unter dem
30-jährigen Mittel. Das gleiche dürfte für das Lainbachgebiet
zutreffen. Die Berechnung des langjährigen Mittels

Station	Niederschlagshöhe		Differenz		langjähriges Mittel
	1972 (mm)	1973 (mm)	1972-1973 (mm)	(%)	1931/1960 mm
Lainbachgeb. 1.6. - 15.9.	626	768	-142	-18	1058 (1
Benediktbeuern 1.6. - 30.9.	593	762	-169	-22	741

Tab. 2: Vergleich der Niederschlagshöhen im Lainbachgebiet und an der Station Benediktbeuern 1972/73 mit dem langjährigen Mittel. ((1 langjähriges Mittel der Station Tutzinger Hütte).

für die mittlere Stationshöhe im Lainbachgebiet (rund 1080 m aus den Werten der Tab. 1) nach den Stationen Benediktbeuern (616 m) und Tutzinger Hütte (1327 m) mit einem vertikalen Niederschlagsgradienten für die vier Sommermonate von 44.6 mm/100 Höhenmetern zu etwa 950 mm ergibt gegenüber den Vergleichszahlen der Einzeljahre 1972/73 eine zu große Niederschlagshöhe. Danach wären beide Jahre zu trocken. Der hohe Wert an der Tutzinger Hütte ist, wie in Kap. 3.2 noch gezeigt wird, nicht allein durch die Höhe über NN sondern in weit stärkerem Maße noch durch eine horizontale Lagesituation (u.a. Nischeneffekt) bedingt.

Im Bereich der nördlichen Alpenkette fallen die größten Niederschlagsmengen in den Sommermonaten (F. FLIRI 1962, 1965). Im Gegensatz zum langjährigen Mittel tritt aber in den Berichtsjahren das Maximum nicht im Juli (F. FLIRI 1974, G.A. GENSLER 1967, K. KNOCH 1968, K. KNOCH u. E. REICHEL 1930) sondern schon im Juni ein (Fig. 6), wobei vor allem die zweite Junihälfte besonders große Regenhöhen ausweist. Auf das Sommermaximum der Niederschläge am Alpennordsaum hat schon H. SCHLAGINWEIT (1850) aufmerksam gemacht. Diese Tatsache wird nicht durch längere Niederschlagsdauer - nach Tab. 3 ist die Anzahl der Niederschlagstage in den vier Halbmonaten von Juni und Juli etwa gleich - sondern durch höhere Niederschlagsintensitäten erklärt (Fig. 7).

Monate	Zahl der Tage mit Niederschlag Halbmonate		Monate	Niederschlagshöhen Halbmonate (mm)		Monate (mm)	mittlere N-Intensitäten pro Tag Halbmonate (mm)		Monate (mm)	größte Tagessummen (mm)	Datum
	I	II		I	II		I	II			
Sommer 1972											
Mai	–	13	(13)	–	50.7	(50.7)	–	3.9	(3.9)	10.0	19.5.
Juni	11	12	23	70.2	148.2	218.4	6.4	12.4	9.5	49.6	17.6.
Juli	11	11	22	107.7	109.4	217.1	9.8	9.9	9.9	45.3	25.7.
August	6	7	13	76.8	80.7	157.5	12.8	11.5	12.1	27.2	1.8.
September	7	–	(7)	32.5	–	(32.5)	4.6	–	(4.6)	22.7	10.9.
Sommer 1972			78			676.2			8.7	49.6	17.6.
Sommer 1973											
Juni	10	11	21	84.2	178.4	262.2	7.7	17.8	12.5	54.9	24.6.
Juli	10	12	22	114.4	129.6	244.0	11.4	10.8	11.1	43.5	12.7.
August	6	9	15	80.4	134.3	214.7	13.4	14.9	14.3	54.6	31.8.
September	4	11	15	47.2	94.8	142.0	11.8	8.6	9.5	38.6	10.9.
Sommer 1972			73			863.3			11.8	54.9	24.6.

Tab. 3: Zahl der Niederschlagstage, Niederschlagshöhen, mittlere Niederschlagsintensitäten pro Niederschlagstag, größte Tagessummen des Gebietsniederschlages für Halbmonate, Monate und Gesamtbeobachtungsdauer in den Sommern 1972 und 1973. Die Halbmonatezahlen vom 1. bis 15. (I) und vom 16. bis 30. bzw. 31. (II) eines jeden Monats.

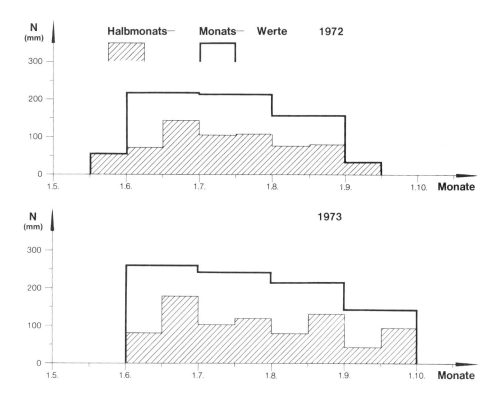

Fig. 6: Mittlere Gebietsniederschlagssummen für Halbmonats- und Monatsintervalle im Einzugsgebiet des Lainbaches im Sommer 1972 und 1973.

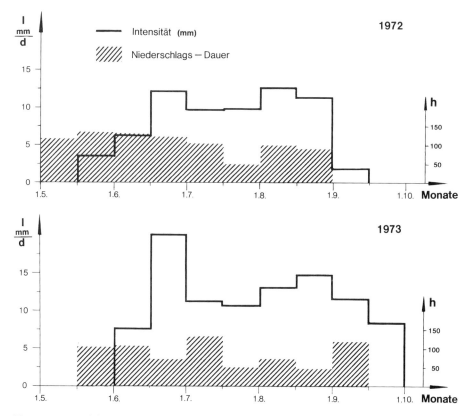

Fig. 7: Mittlere Niederschlagsintensitäten in mm pro Niederschlagstag und Niederschlagsdauer für Halbmonate im Sommer 1972 und 1973 im Lainbachgebiet.

Die schraffierte Fläche in Fig. 7 gibt die Niederschlagsdauer in Stunden während der Halbmonate an. Es bestehen keine unmittelbaren Zusammenhänge zu den Niederschlagssummen, wie ein Vergleich mit Fig. 6 zeigt. Dabei sind für 1972 die Intensitätsschwankungen für die Halbmonate im Juli bis August zwar deutlich, sie zeigen aber keine signifikanten Abweichungen. Lediglich die Niederschlagsintensitäten der zweiten Mai- und zweiten Junihälfte sind auf dem 5%-Irrtumsniveau und die von Ende August zu Anfang September auf dem 2%-Irrtumsniveau abgesichert.

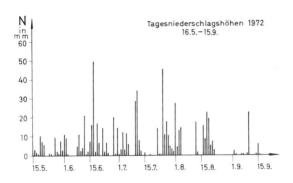

Fig. 8: Tagesniederschlagshöhen für den Sommer 1972.

Um den Ablauf des Niederschlagsgeschehens im Sommer 1972 zu erfassen, sind in Fig. 8 die Tagesniederschlagshöhen vom 16.5. bis 15.9. dargestellt. Danach werden im allgemeinen längere Niederschlagsperioden von kürzeren Zeiten ohne Regen unterbrochen. Der Wechsel spiegelt die von H. FLOHN (1954, S. 100 - 104) beschriebenen Witterungsregelfälle wider. Besonders deutlich sind die Schönwetterlagen Mitte Juli, die Hundstage um den 10. August sowie der Hochdruckeinfluß Ende August bis Anfang September ausgebildet. Auch die einzelnen Wellen des sogenannten Sommermonsuns, die nach einem kümmerlichen Spätfrühling um den 20. Mai zunächst schwach, Mitte Juni, Anfang, Mitte und Ende Juli aber verstärkt einbrechen, sind zu unterscheiden.

3.1.2 Dauer und Niederschlagssummen bei Einzelniederschlagsereignissen

Sowohl für Untersuchungen der zeitlich/räumlichen Niederschlagsstruktur als auch für die Klärung von hydrologischen Problemen, etwa der Frage des Zusammenhanges zwischen Niederschlagsangebot und Oberflächenabfluß, sind Tagesniederschlagshöhen weniger geeignet. Der Niederschlag kann innerhalb eines Tages in wenigen Stunden, aber auch an mehreren aufeinanderfolgenden Tagen durchgehend gefallen sein. Weiterführend dürfte hier, worauf u.a. auch E. REINHOLD (1937), P. ZEDLER (1967) oder R. ANIOL (1971) hinweisen, die Betrachtung von Einzelniederschlagsereignissen sein. Als ein Einzelereignis sprechen E. REINHOLD (1937) oder R. ANIOL (1970, 1971) Niederschläge an, die von den vorangegangenen beziehungsweise nachfolgenden durch eine Regenpause von 10 - 30 Minuten getrennt sind. Bei dem gegebenen Auflösevermögen der Ombrogramme der Trommelschreiber mit achttägigem Umlauf sind diese kurzfristigen Abgrenzungskriterien nicht anwendbar. Eine weitere Schwierigkeit ergibt sich bei den kurzen Unterbrechungsintervallen aus der räumlichen Struktur der Niederschläge. Die Regen ziehen häufig in einzelnen Staffeln über ein Gebiet hinweg, an einer Station tritt eine Regenpause von 30 bis 60 Minuten ein, bei anderen regnet es durchgehend. Eine gesicherte Zuordnung der Einzelbeobachtungen an mehreren Stationen zu einem Niederschlagsereignis ist selbst in dem kleinen Einzugsgebiet von 18.66 km^2 nicht eindeutig möglich. Um diese materialbedingte Schwierigkeit zu umgehen, wurde aus den Beobachtungen ein praktikabler Wert gesucht. Er ergab sich zu 6 Stunden. Auch bei 4 Stunden Unterbrechung weichen die Ergebnisse noch nicht voneinander ab. Als Einzelereignis wird hiernach ein Niederschlag definiert, der vom vorangegangenen und nachfolgenden durch eine regenfreie Zeit von mindestens 6 Stunden Dauer getrennt ist. Diese Definition entspricht damit etwa dem "Gesamtregen" von E. REINHOLD (1937), der als Einfach-, Doppel- oder Mehrfachregen ausgebildet sein kann und kürzere regenfreie Intervalle nicht ausschließt.

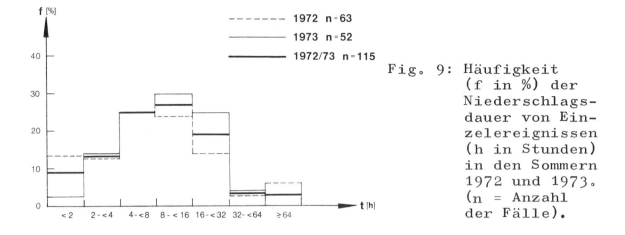

Fig. 9: Häufigkeit (f in %) der Niederschlagsdauer von Einzelereignissen (h in Stunden) in den Sommern 1972 und 1973. (n = Anzahl der Fälle).

Im Sommer 1972 konnten im Beobachtungszeitraum 63 und 1973 52 Einzelniederschlagsereignisse ausgeschieden werden. Die Andauer der Einzelereignisse zeigt eine logarithmische Normalverteilung (Fig. 9). Die Modalklasse liegt 1972 bei

	1972 Stunden	1973 Stunden	1972 u. 1973 Stunden
Median und 95%-Vertrauensbereich	6.2<7.6<9.3	8.0<10.0<12.6	7.3<8.6<10.2
Mittelwert 95%-Vertrauensbereich	8.6<10.6<13.1	11.1<14.0<17.6	10.9<12.8<15.
Zentrale 90%-Masse	3.4 - 17.3	4.4 - 22.6	3.5 - 20.9

Tab. 4: Kennzahlen der log-normalverteilten Andauerzeiten der einzelnen Niederschlagsereignisse in den Sommern 1972 und 1973.

4 - 8 Stunden, 1973 bei 8 - 16 Stunden. Diese Tatsache findet auch in Tab. 4 in den Mitteln der Niederschlagsdauer von Einzelereignissen mit 10.6 bzw. 14.0 Stunden und entsprechend der schiefen Normalverteilung in den etwas niedrigeren Werten der Mediane ihren Niederschlag. Die in beiden Jahren auftretenden Unterschiede sind, wie die Überlappung der unsymmetrischen 95%-Vertrauensbereiche zeigt und eine weitere Überprüfung ergab, nicht signifikant. Ein weiteres Charakteristikum gibt die Niederschlagshöhe, die im Zeitintervall eines Gesamtereignisses gefallen ist. Für die Darstellung der Häufigkeitsverteilung der Niederschlagshöhen wurde in Anlehnung an K. SCHNEIDER-CARIUS (1950, 1956) eine logarithmische

Teilung der Abszisse gewählt (Fig. 10). In Fig. 10a sind alle Einzelereignisse in den beiden Jahren berücksichtigt.

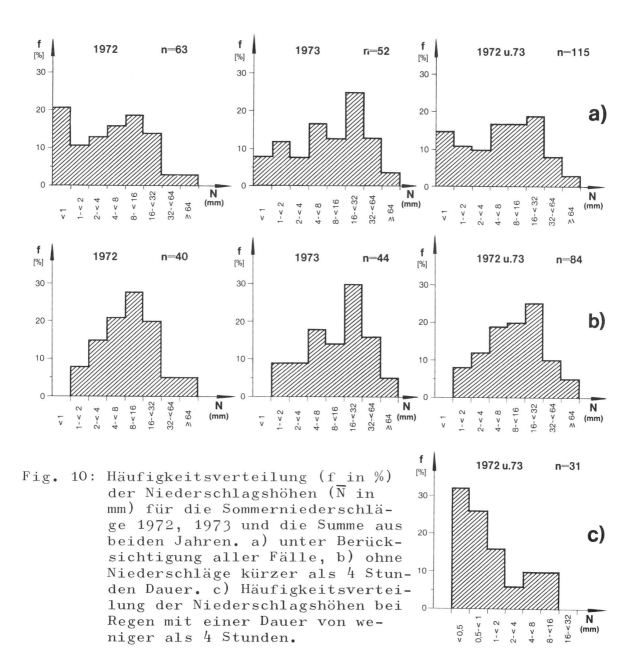

Fig. 10: Häufigkeitsverteilung (f in %) der Niederschlagshöhen ($\bar{N}$ in mm) für die Sommerniederschläge 1972, 1973 und die Summe aus beiden Jahren. a) unter Berücksichtigung aller Fälle, b) ohne Niederschläge kürzer als 4 Stunden Dauer. c) Häufigkeitsverteilung der Niederschlagshöhen bei Regen mit einer Dauer von weniger als 4 Stunden.

Die Häufigkeit der Niederschlagshöhen zeigt besonders 1972 und bei der Summe 1972 und 1973 sehr klar eine zweigipfelige Verteilung, die sich 1973 nur andeutet. Diese Tatsache kann entweder durch die zu geringe Auflösung im Bereich kleiner Niederschlagshöhen (kleiner als 1 mm) oder durch eine echte Materialinhomogenität, die zu einer zweigipfeligen Verteilung führt, begründet sein. Eine Überprüfung der Niederschlagsdaten ergab, daß alle Regenhöhen kleiner als 1 mm

bei Niederschlagsereignissen mit einer Dauer von kürzer als
4 Stunden auftraten. Das schließt jedoch nicht aus, daß auch
größere Ergiebigkeiten bei Niederschlagszeiten von 4 Stunden oder kürzer vorkommen, sie sind aber selten. In Fig. 10b
blieben deshalb alle Niederschläge kürzer als 4 Stunden
(1972 waren es 23, 1973 8) unberücksichtigt. So konnte die
ursprünglich zweigipfelige Verteilung in eine angenähert
log-normale übergeführt werden. Die wichtigsten Kennzahlen
dieser Verteilung sind in Tab. 5 zusammengestellt. Fig. 10c
gibt die Verteilung der Niederschlagshöhen für Andauerzeiten kürzer als 4 Stunden eines Einzelereignisses wider. Die
positive Schiefe ist hier durch die Skalengliederung im
unteren Bereich bedingt.

	1972 N mm	1973 N mm	1972 u. 1973 N mm
Median und 95%-Vertrauensbereich	6.7 <9.4 <13.3	8.5 <12.3 <17.7	8.5 <10.8 <13.9
Mittelwert und 95%-Vertrauensbereich	11.9 <16.8 <23.7	17.5 <25.2 <36.2	14.1 <18.1 <23.2
Zentrale 90%-Masse	3.2-30.8	3.7-40.7	3.5-33.8

Tab. 5: Kennzahlen der log-normalverteilten Niederschlagshöhen von Gesamtregen in den Sommern 1972 und 1973.

Mit der Dauer der Niederschläge nehmen nicht nur, was zu
erwarten ist, die mittleren Niederschlagshöhen zu (s. Tab. 6),
sondern auch die Häufigkeit von Starkregenabschnitten im Sinne der Definition von G. WUSSOW (1922) zeigt einen stark steigenden Trend (Fig. 11).

Zeitintervalle in Stunden	≤ 2	2-<4	4-<8	8-<16	16-<32	32-<64	≥ 64
$\bar{N}$ mm	1.9	2.8	3.9	12.8	24.6	43.0	56.1
$\bar{N}/\bar{h}$ mm/h	1.9	1.1	0.8	1.2	1.1	0.9	0.8

Tab. 6: Zunahme der Niederschlagshöhen (Mittelwerte) mit wachsender Niederschlagsdauer und mittlere Niederschlagsintensitäten in mm/Stunde für die Gesamtereignisse in den Sommern 1972 und 1973.

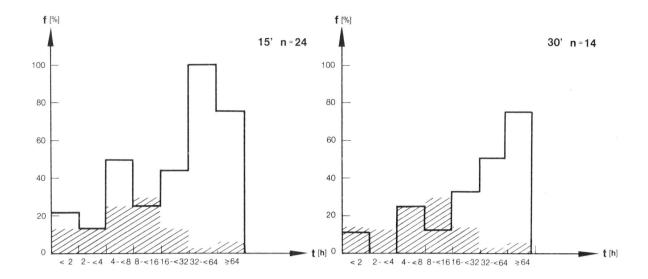

Fig. 11: Häufigkeitsverteilung (f in %) von Starkregen in den Zeitintervallen 15' bzw. 30' für einzelne Klassen der Niederschlagsdauer (t in Stunden). (n = Anzahl der Ereignisse). Die Begrenzungslinie gibt die relativen Häufigkeiten innerhalb der Andauerklassen, die schraffierte Fläche die Häufigkeit in Abhängigkeit von der Gesamtzahl der Ereignisse wieder.

Als Starkregenabschnitte innerhalb eines Gesamtereignisses wurden zusammenhängend gefallene Regenhöhen (h) gewertet, die den Grenzwert $h = \sqrt{5t-(t/24)^2}$ (t = Niederschlagsdauer in Minuten) in 15', 30', 60' und 120' Intervallen überschritten. Bei 60' (n = 6) und 120' (n = 1) war 1972 die Zahl der Fälle zu gering, um Verteilungshäufigkeiten zu zeichnen. Sie wurden daher in Fig. 11 nicht berücksichtigt. Unter relativer Häufigkeit der Starkregenabschnitte wird in Fig. 11 der prozentuale Anteil von Niederschlägen mit Starkregen an der Gesamtzahl der Einzelereignisse innerhalb der gewählten Andauerzeiten (2, 2 -<4 Stunden usw.) verstanden. Die prozentuale Häufigkeit der Starkregen innerhalb der Andauerzeiten in Abhängigkeit von den Gesamtereignissen ist schraffiert dargestellt.

Wie bereits bei der Behandlung der Häufigkeitsverteilung der Niederschlagshöhen angedeutet, so scheint sich auch bei den Starkregenabschnitten und mittleren Intensitäten

innerhalb der Niederschlagsintervalle eine Zweiteilung
der Gesamtniederschlagsereignisse abzuzeichnen. Starkregenabschnitte sind in den kurzen Intervallen bis zu 4 Stunden Andauer relativ selten und nehmen sowohl im 15'-Intensitätsintervall, besonders aber bei 30' mit wachsender
Regendauer zu (Fig. 11). Aus dieser Beobachtung ergibt sich
ein gewisser Widerspruch zu der Lehrmeinung "daß die ergiebigen Regen in den kürzeren Zeiträumen fallen" (R. KELLER
1961, S. 26). Diese Aussage trifft nach den bisherigen
Meßdaten aus dem Lainbachgebiet nur für die mittleren Intensitäten der Gesamtregen zu (Tab. 6). Der Unterschied
zwischen der Intensität von 1.9 mm/h bei Andauerzeiten
von kürzer als 2 Stunden zu 1.1 mm/h bei 16-32 Stunden ist
auf dem 1%-Irrtumsniveau signifikant. Tab. 6 weist aber
zwischen 4-<8 Stunden (0.8 mm/h) und 8-<16 Stunden (1.2
mm/h) einen erneuten Anstieg auf, der ebenso hoch signifikant ist. Eine Erklärung für diese sprunghafte Änderung
vermag ich gegenwärtig noch nicht zu geben. Die Werte in
den Zeitintervallen länger als 32 Stunden sind noch kaum
aussagefähig, da in jeder Gruppe nur 4 Beobachtungen vorliegen. Wenn nun Starkregenabschnitte in den Zeitintervallen 15', 30', 60', 120' mit wachsender Niederschlagsdauer häufiger werden, so ist darin ein Hinweis zu sehen,
daß mit Zunahme der Niederschlagsdauer auch die Intensitätsstufen in kurzen Intervallen ansteigen.

3.1.3 Niederschlagsintensitäten bei Einzelereignissen

Um diese Frage zu überprüfen, wurden die Ombrographenstreifen nach den maximalen Niederschlagsintensitäten in
den Intervallen 15', 30' 60', 120' bei den einzelnen Niederschlagsereignissen ausgewertet. Die Ergebnisse sollen
am Beispiel der Station Nußstaude vorgelegt werden (Fig. 12).
Alle Niederschlagsintensitäten der einzelnen Intensitätsstufen wurden aus Gründen der Vergleichbarkeit in eine
mittlere Andauer von 1 Stunde (Ordinatenwerte in Fig. 12
in mm/h) umgerechnet. In Fig. 12 wurden ferner die Intervalle der Dauer der einzelnen Niederschlagsereignisse auf

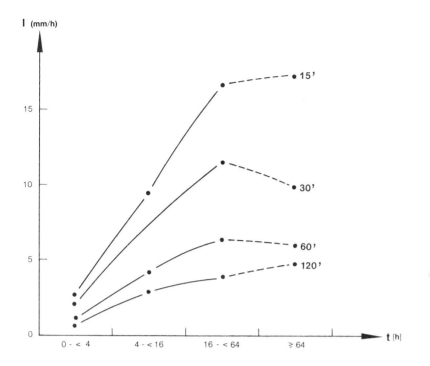

Fig. 12: Zunahme der mittleren maximalen Niederschlagsintensität in den Intensitätsintervallen 15', 30', 60' und 120' mit wachsender Niederschlagsdauer.

0-<4, 4-<16 Stunden usw. verdoppelt. Diese Umstellung ergab sich bei der Berechnung der mittleren Maximalintensitäten, die sich in den Andauerintervallen 0-<2, 2-<4 bzw. 4-<8 und 8-<16 Stunden usw. nur wenig, in den verdoppelten aber deutlich unterscheiden, wie die Signifikanzniveaus $\alpha = 0.001$ bis maximal $\alpha = 0.2$ in Tab. 7 zeigen. Ferner wurde dadurch die Anzahl der Beobachtungen in den einzelnen Andauerzeiten etwas vergrößert und damit die statistische Sicherheit erhöht. Lediglich auf die Gruppe ≥64 Stunden fallen nur 3 Beobachtungen. Aus diesem Grunde sind die Kurven im Bereich 16-<64 zu ≥64 Stunden in Fig. 12 nur gerissen (unsicher) eingetragen, und die Werte in Tab. 7 sind in Klammern gesetzt. Tab. 7 zeigt auch, daß die Unterschiede zwischen den beiden letzten Gruppen ($\alpha > 0.5$) mit Ausnahme der Intensitätsstufe 120' ($\alpha = 0.20$) nicht mehr signifikant sind. Daß eine Verdoppelung der Intervalle der Andauerzeiten gerechtfertigt ist, deutet sich in Fig. 11 an, bei der sich dann ebenfalls eine monoton ansteigende rela-

	Andauer der Niederschlagsereignisse in Stunden			
Intensitätsintervalle	0-<4	4-<16	6-<64	≥64
Anzahl der Beobachtungen (n)	14	24	12	3
15' Median mm	2.3	5.5	7.5	(16.5)
Mittelwert mm	2.9	9.4	16.9	(17.2)
Varianz (s^2)	1.20	1.59	2.04	(1.04)
Signifikanzniveau (α) zwischen Andauerzeiten	0.001		0.05	(0.5)
Signifikanzniveau (α) zwischen 15' und 30'	0.02	0.2	0.5	(0.001)
30' Median mm	1.7	3.6	5.7	(9.7)
Mittelwert mm	2.1	7.4	11.4	(9.9)
Varianz (s^2)	1.22	1.88	1.81	(1.02)
Signifikanzniveau (α) zwischen Andauerzeiten	0.001		0.20	(0.5)
Signifikanzniveau (α) zwischen 30' und 60'	0.01	0.01	0.05	(0.001)
60' Median mm	1.0	3.0	3.8	(6.0)
Mittelwert mm	1.2	4.1	6.3	(6.1)
Varianz (s^2)	1.18	1.30	1.56	(1.02)
Signifikanz (α) zwischen Andauerzeiten	0.001		0.10	(0.5
Signifikanzniveau (α) zwischen 60' und 120'	0.10	0.10	0.05	(0.10)
120' Median mm	0.7	1.8	2.5	(4.6)
Mittelwert mm	0.8	3.0	3.7	(4.7)
Varianz (s^2)	1.19	1.55	1.39	(1.02)
Signifikanzniveau (α) zwischen Andauerzeiten	0.001		0.20	(0.20)

Tab. 7: Charakteristische Zahlenwerte der Verteilung der Maximalintensitäten bei einzelnen Niederschlagsereingissen im Sommer 1972.

tive Häufigkeit der Starkregenereignisse ergibt.

Die Maximalintensitäten innerhalb einzelner Niederschlagsereignisse weisen, wie zu erwarten, eine logarithmische Normalverteilung auf. Wie Fig. 12 zeigt, steigen die mittleren Maximalintensitäten von kurzen Regen (kürzer als 4 Stunden) zu langen (16-64 Stunden) stetig an. Bei noch längerer Regendauer werden die Aussagen mangels hinreichender Beobachtungsdaten unsicher. Besonders hoch signifikant ($\alpha = 0.001$) sind die Unterschiede zwischen 4 zu 4-<16 Stunden, aber auch die Differenz zwischen 4-<16 und 16-<64 ist mit einer Irrtumswahrscheinlichkeit von 5-20% ($\alpha = 0.05$ bis 0.2) noch hinreichend abgesichert (Tab. 7). Im Gegensatz zu den mittleren Niederschlagsintensitäten, die bei kurzen Regenfällen ihr Maximum aufweisen, steigen die Maximalintensitäten zumindest bis zu einer Regendauer von 60 Stunden oder wenig mehr an. Diese Erscheinung ist im Rahmen des Gesamtniederschlagsgeschehens verständlich, denn bei einem lange dauernden Niederschlag mit hoher Labilität der feuchten Luftmassen ist die Wahrscheinlichkeit, daß in einem kurzen Zeitraum einmal sehr kräftige Regen fallen größer, als bei kurzfristigen Niederschlägen.

Die Unterschiede zwischen den einzelnen Intensitätsstufen 15', 30', 60', 120' sind trotz der geringen Anzahl an Beobachtungen (s. Tab. 7) hinreichend signifikant. Dabei nehmen die absoluten Differenzen zwischen den Intensitätsstufen, z.B. 15' zu 30' usw., mit wachsender Niederschlagsdauer deutlich zu (Fig. 12). Die relativen Unterschiede sind dagegen in allen Niederschlagsandauerzeiten für die jeweiligen Intensitätsstufen nahezu gleich (Fig. 13a). In Fig. 13a sind die Maximalintensitäten von 15' zu 100% gesetzt. Für 30', 60' und 120' sind die jeweiligen Prozentwerte in den Andauerzeiten aufgetragen. In Fig. 13b ist die relative Abnahme der mittleren Intensitäten der Intensitätsstufen mit wachsendem Intensitätsintervall dargestellt. Bei geometrischer Teilung der Abszisse, ergibt sich dabei eine Gerade, die durch die Gleichung $J_{t\%} = 195.81 - 83.14 \log t$ sehr gut angenähert wird. (J = Intensität in % der Intensitätsstufe t in Minuten).

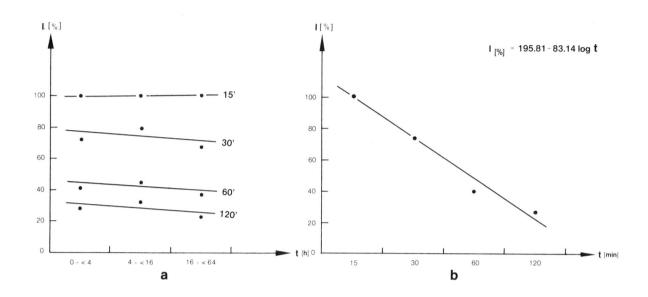

Fig. 13: a) Relative Unterschiede der mittleren Maximalintensitäten in den Intensitätsintervallen 15' bis 120' bei unterschiedlicher Niederschlagsdauer in Prozent der 15'-Intensität. b) Relative Abnahme der mittleren Maximalintensitäten mit Zunahme der Länge der Intensitätsintervalle.

Während die mittleren Niederschlagsintensitäten (s.S.17) zwar einen eindeutigen Gang im Ablauf des Sommers aufweisen, die

Monat	Anzahl der Er- eign.=n	Intensitätsintervall							
		15' I mm/h	α	30' I mm/h	α	60' I mm/h	α	120' I mm/h	α
Mai	10	4.3		3.3		2.4		1.8	
			0.01		0.01		0.01		0.1
Juni	15	11.6		7.1		4.4		3.2	
			0.01		0.01		0.01		0.01
Juli	13	16.9		11.2		9.1		5.8	
			0.01		0.2		0.2		0.2
August	9	14.0		10.6		6.7		4.7	
			0.01		0.01		0.01		0.05
Sept.	5	7.3		5.2		3.5		2.7	

Tab. 8: Maximalintensitäten I in mm/h in den Intervallen 15', 30', 60' und 120' in den Monaten Mai bis September 1972. α gibt das Signifikanzniveau der Unterschiede zwischen den Monaten an.

Unterschiede zwischen den Halbmonatswerten aber statistisch nicht eindeutig sind, zeigen bei den Maximalintensitäten in fast allen Zeitintervallen (15', 30', 60', 120') die Unterschiede zwischen den einzelnen Monaten bei deutlicher ausgeprägtem Gang fast durchweg hohe Signifikanz (s.Tab. 8). Dabei deutet sich an, daß die Abnahme der Maximalintensitäten von kurzen zu langen Intervallen der Intensität direkt proportional ist. Eine endgültige Aussage ist wegen der geringen Zahl von Beobachtungen nicht möglich.

3.1.4 Zeitliche Variabilität der Niederschläge

Ein gleichsinniger Gang innerhalb der einzelnen Monate, wie die Maximalintensitäten des Niederschlages, ergibt sich auch bei den Schwankungen der Ergiebigkeit zwischen den Einzelereignissen (Gesamtregen) (Tab. 9).

Monat	1972		1973		1972 u. 1973	
	$\bar{N}$ (mm)	V (%)	$\bar{N}$ (mm)	V (%)	$\bar{N}$	V (%)
Mai	4.1	118	-	-	4.1	118
Juni	13.1	136	16.6	145	15.3	138
Juli	18.2	159	16.4	89	17.3	129
August	13.2	121	20.0	121	17.7	115
Sept.	8.4	107	14.1	74	11.9	84

Tab. 9: Mittlere Niederschlagshöhe pro Ereignis ($\bar{N}$ in mm) und Variabilitätskoeffizient (V in %) in den Monaten Mai bis September 1972, 1973 und 1972/73.

Als Maß, um die zeitliche Variabilität zu erfassen, wurde der Variabilitätskoeffizient gewählt. Seine Werte sind durchweg sehr hoch, was weiter nicht erstaunt, da sehr schwache und starke Regenfälle innerhalb eines Monats wechseln können. Der gleichsinnige Gang der Variabilität mit dem der Maximalintensitäten, der sich besonders 1972 sehr deutlich zeigt, ist eben Folge der großen Niederschlagshöhen, die sich vor allem bei Starkregen einstellen. Eine Ausnahme bildet lediglich der Juli 1973 (89%), der sich durch sehr gleichmäßige, kräftige Regen auszeichnet. Im Gegensatz zu dem eben aufgezeigten Verlauf der Niederschlagsvariabilität innerhalb eines Monats weist der Variabilitätskoeffizient der Monatsmittel des Niederschlags in der Periode 1931-1960 gerade im Sommer seine geringsten Werte auf, wie ein Vergleich der Tabellen bei F. FLIRI (1974, Anhang 1, S. 85 und Anhang 2, S. 87) und die Ausführungen von F. FLIRI (1967, 1970) zeigen.

Aber nicht nur die Einzelereignisse unterscheiden sich beträchtlich in der Niederschlagshöhe innerhalb des Betrachtungszeitraumes, sondern auch bei einem Gesamtregen treten starke Intensitätsschwankungen in kürzeren Intervallen auf. Am Beispiel eines Starkregens vom 25./26.7.1972 (Fig. 14a) und eines Landregens am 10. bis 13.7.1972 (Fig. 14b) sollen die Verhältnisse kurz dargestellt werden. Beide Einzelereignisse brachten für das Gebiet vergleichbar große Niederschlagshöhen. Beim Starkregen (Fig. 14a) mit einer kräftigen Niederschlagszunahme von W nach E (ca. 20 mm am Taleingang, rund 100 mm im südöstlichen Talschluß) führten die Niederschläge zum größten Hochwasser des Jahres mit erheblichen Schäden im Niederschlagsgebiet. Beim Landregen (Fig. 14b) mit einer

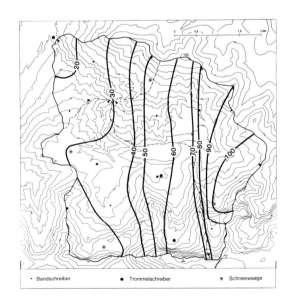
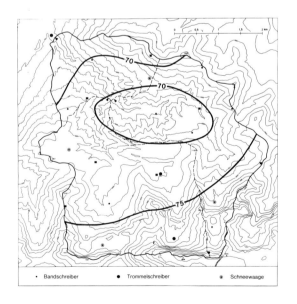

Fig. 14: Links (a) Niederschlagsverteilung eines Starkregens am 25./26.7.1972. Rechts (b) Niederschlagsverteilung bei einem Landregen am 10. bis 13.7.1972.

gleichmäßigen Verteilung der Niederschläge stieg der Wasserstand in den Gerinnebetten weit weniger an. Auf die räumliche Variabilität der Niederschläge wird in Kap. 3.2 näher eingegangen, hier sollten nur beide Ereignisse kurz vorgestellt werden, um eine Bezugsgrundlage für die Intensitätsschwankungen im Ablauf beider Regen zu geben.

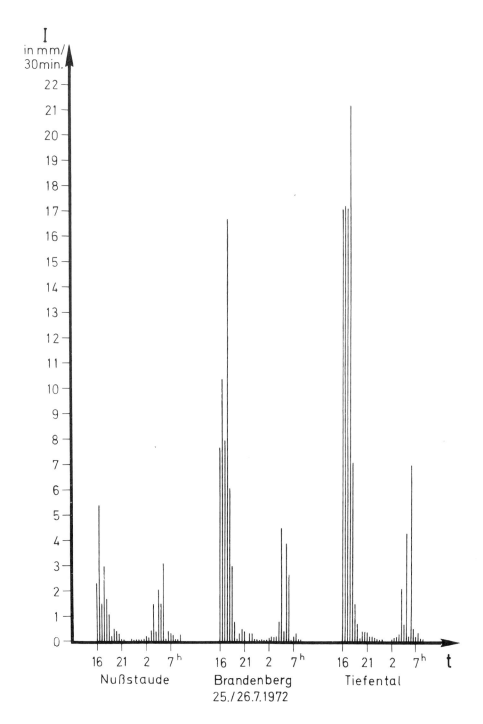

Fig. 15: Halbstundenintensitäten des Niederschlags bei einem Starkregen am 25./26.7.1972 an den Stationen Nußstaude, Brandenberg und Tiefental.

Für beide Niederschläge wurden aus den Ombrographenstreifen die Intensitäten in 30 Minutenintervallen ausgewertet. Kürzere Zeitabstände lassen sich besonders bei hohen Intensitäten bei den Geräten mit achttägigem Trommelumlauf nur schwer erfassen.

Die Schwankung der Niederschlagsintensitäten beim Starkregen sind in Fig. 15 für die Meßstellen Nußstaude, Brandenberg und Tiefental graphisch dargestellt. Deutlich lassen sich an allen Stationen zwei Hauptregenabschnitte von 16 bis 18.30 Uhr und von 3 bis 6 Uhr morgens erkennen. Sie werden durch einen mehrstündigen Abschnitt geringerer Ergiebigkeit getrennt. An der Nußstaude setzt der Niederschlag zwischen 22 bis 23 Uhr, am Brandenberg von 21.30 bis 22 Uhr und bei der Tiefentalalm von 0.30 bis 2 Uhr ganz aus. Strenggenommen hätten hier auch zwei Einzelereignisse ausgeschieden werden können mit einer mindestens halbstündigen Unterbrechung. Die Eintrittszeit der regenfreien Intervalle an den Einzelstationen streut aber über 4.5 Stunden. Diese Erscheinung war im Sommer 1972 sehr häufig, so daß ich für die Trennung von Gesamtregen an allen Stationen eine niederschlagsfreie Zeit von mindestens 6 Stunden gewählt habe (s.S.19). Die kräftigen Intensitätsschwankungen des Starkregens, bei dem sich die Niederschlagshöhen in den Halbstundenintervallen vielfach um den Faktor 2 oder sogar mehr unterscheiden, überraschen nicht. Eine Ausnahme bildet hier nur die Aufzeichnung des Ombrographen Tiefental, bei dem an vier aufeinanderfolgenden Halbstundenabständen Regenhöhen von mehr als 17 mm auftraten. Die sehr kräftigen Niederschläge an der Tiefentalalm zwischen 16 und 18 Uhr mit stündlichen Regenhöhen von 34.3 mm, bzw. 38.8 mm pro Stunde sind aber nur etwa halb so groß wie die Maximalwerte des Stundenniederschlags, die F. LAUSCHER (1967) aus den nördlichen Kalkalpen mit 73 mm/h in Altaussee oder 62 mm/h in Bregenz beschreibt. Diese Erscheinung führe ich auf einen Stau im Talschluß zurück, da NW- und W-Winde bei diesem Niederschlagsereignis vorherrschten. Durch die anhaltend hohen Intensitäten in diesem Teil des Niederschlagsgebietes wurde auch das starke Hochwasser bedingt. Fig. 15 zeigt ferner, daß die Niederschlagszunahme von W nach E (Station Nußstaude 28.3 mm, Brandenberg 69.5 mm, Tiefental 100.2 mm) nicht durch unterschiedliche Dauer, sondern durch höhere Intensitäten bedingt ist.

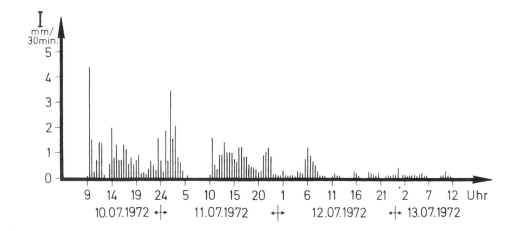

Fig. 16: Halbstundenintensitäten der Niederschläge bei bei einem Landregen am 10. bis 13.7.1972 an der Station Nußstaude.

Bei Landregen (Fig. 16) sind geringere Intensitätsschwankungen zu erwarten, denn nach HANN-SÜRING (1939) ist das Charakteristische dieser Regen des gezwungenen Aufsteigens der Luft an Gebirgskörpern eben ihre Gleichmäßigkeit. Wie Fig. 16 zeigt, treten auch hier ganz erhebliche Intensitätsschwankungen, wenngleich in einer tieferen Stufe auf, die die Analysen von R. ANIOL (1972) im Alpenvorland bestätigen. Eine Zuordnung dieser Schwankungen sowohl beim Stark- wie beim Landregen zu synoptischen Größen wie Luftdruck, Temperatur oder Feuchteschwankungen war nicht möglich.

3.1.5 Konsequenzen aus der zeitlichen Variabilität für hydrologische Fragen

Aus den Darlegungen über die zeitliche Struktur der Niederschläge im Lainbachgebiet ergeben sich für die hydrologische

Auswertung Konsequenzen. Wie gezeigt wurde, setzen sich die
Monatsmittel der Regenhöhe aus Niederschlägen mit sehr verschiedenen Andauerzeiten und Intensitäten zusammen. Die Variabilität nimmt dabei mit der Niederschlagshöhe wegen der
stärkeren Intensitätsschwankungen ebenfalls zu. Ja selbst
innerhalb eines Ereignisses, ob Stark- oder Landregen, sind
die Niederschlagshöhen in Halbstundenintervallen recht
verschieden. Daraus folgt, daß bei einer breiten Streuung
der Einzeldaten, die Aussagekraft eines Mittelwertes (mittlere monatliche Niederschlagshöhe) erheblich reduziert wird.
Korrelationen zwischen den Mittelwerten des Niederschlags
und den mittleren Abflußhöhen über längere Zeiten können
somit nicht zu verläßlichen Aussagen über die wirklichen
Zusammenhänge zwischen den beteiligten Größen führen. Daß
bei steigenden Mittelwerten der Niederschlagshöhe auch ein
vermehrter Abfluß unter sonst vergleichbaren Verhältnissen
festgestellt wird, ist trivial. Diese Erkenntnis sagt nichts
über die Zuordnung von Niederschlagsintensitäten zu einem
bestimmten Abfluß aus; es kann nicht zwischen abflußfördernden Regen und solchen, die sich nicht unmittelbar auf
den Oberflächenabfluß auswirken, unterschieden werden, da
die Mittelbildung diese Auswertung unterdrückt. Nur durch
die Analyse von Einzelabflußereignissen, die den Einzelereignissen des Niederschlags zugeordnet werden, wobei die
Intensitätsschwankungen des Regens im Zeitablauf zu berücksichtigen sind, führen zu einem wirklichen Verständnis der
hydrologischen Abläufe.

Als erste Einflußgröße wurde in Kap. 3.1 die zeitliche Struktur der Niederschläge dargestellt. Daraus geht hervor, daß
die zeitliche Homogenität der Niederschläge, wie sie beim
Unit-Hydrograph-Verfahren bei L.K. SHERMAN (1932) gefordert
ist, in Wirklichkeit selbst bei Landregen nicht vorkommt.
Die zweite Prämisse dieser Methode der Ablfußvorhersage,
einheitliche Niederschlagshöhe über das Gesamtgebiet soll
im nachfolgenden Kap. 3.2 untersucht werden.

3.2 Die räumliche Struktur der Niederschläge

Für alle Fragen der Wasserhaushaltsforschung, die nach B. WOHLRAB (1971) die Aufgabe hat, den Weg des Wassers von seinem Auftreten als Niederschlag auf Boden- und Pflanzenoberflächen bis zu seiner Rückkehr in die Atmosphäre oder seinem Abfluß aus dem Gebiet zu verfolgen und zu erklären, ist neben der Erfassung der zeitlichen Niederschlagsstruktur die räumliche Verteilung der Regenmengen und die Kenntnis des Gebietsniederschlages unerläßlich. Auf Schwierigkeiten, die bei der Erfassung des Gebietsniederschlages auftreten, wurde in der Einleitung hingewiesen. Nachfolgend sollen dazu einige Ergebnisse, wie sie sich aus dem Beobachtungsmaterial vor allem vom Sommer 1972, ergänzt durch Angaben aus 1973, ergeben, vorgestellt werden. Die Zielsetzung ist dabei zweifach, nämlich 1. wie genau läßt sich der Gebietsniederschlag in Abhängigkeit von der Stationsdichte in einem Gebirgsrelief erfassen und 2. was sind die Ursachen für die räumliche Variabilität.

Bei den Berechnungen gehe ich vom meteorologischen Niederschlag aus, da gegenwärtig noch keine hinreichenden Meßdaten für die Korrektur zum hydrologischen Niederschlag vorliegen. Die Annahme, daß an allen Stationen der Fehler in etwa gleicher Größenordnung vorliegt, scheint mir berechtigt, da nach Kap. 2.2 die Ombrographen fast durchweg unterhalb der Waldgrenze auf ebenem Gelände aufgestellt sind, sich somit besonders störende Hangeffekte oder unterschiedliche Windrichtungen kaum einstellen dürften.

3.2.1 Korrelation der Niederschlagshöhen zwischen den Stationen

Als ein Maß für die Aussagesicherheit, mit der die Niederschlagsdaten an den einzelnen Stationen auf die Flächen umgerechnet werden, kann der Korrelationskoeffizient zwischen den Niederschlagshöhen benachbarter Meßorte angesehen werden. Wie F.A. HUFF und W.L. SHIPP (1969, S. 549) zeigen, nimmt die Korrelation der Regenhöhen mit der Entfernung der Meßpunkte mit einer nicht linearen Funktion ab. Die Ergebnisse einer fünfjährigen Beobachtungsreihe in Illinois auf rund 1000 km² bei 49 Stationen belegen, daß die Abnahme im Nahbereich von 0-5 km durch eine Gerade sehr gut angenähert wird. D.H. HERSHFIELD (1965) sieht als untere Grenze für eine verläßliche Bestimmung des Gebietsniederschlages einen Korrelationskoeffizienten von r = 0.9 an. P. HUTCHINSON (1969) fordert ferner, daß Abhängigkeiten des Korrelationskoeffizienten vom Relief oder von meteorologischen Faktoren bei der Berechnung des Gebietsniederschlages zu berücksichtigen sind.

Auf der Basis von 63 Einzelereignissen im Sommer 1972, und 52 Gesamtregen 1973, wurden die Korrelationen der Niederschlagshöhen zwischen allen Stationen berechnet. Die Korrelationskoeffizienten in Abhängigkeit von den Entfernungen zwischen den Stationen sind für 1972 in Fig. 17 dargestellt. Alle gefundenen Korrelationen sind auf dem 0.1%-Irrtumsniveau abgesichert. Fig. 17 zeigt, wie bereits bekannt, die

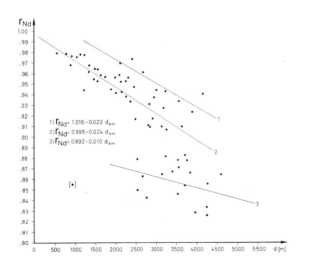

Fig. 17: Abnahme der Korrelationskoeffizienten (r) zwischen Niederschlagshöhe aus 63 Einzelereignissen im Sommer 1972 und Distanz (d) der Beobachtungsstellen mit wachsender Entfernung.

Abnahme der Korrelationskoeffizienten mit wachsender Entferung. Die höchsten Werte liegen bei r = 0.98, der niedrigste bei 0.82. Deutlich lassen sich zunächst zwei Punkt-

schwärme unterscheiden. Einer mit Werten durchweg >0.90
(1 u. 2), der auch eine straffere lineare Anordnung zeigt
und ein weiterer (3) bei größeren Entfernungen, dessen
Korrelationskoeffizienten 0.89 nicht erreichen und bei dem
Einzelpunkte auch stärker streuen. Ferner wurde noch eine
dritte Gruppe von Korrelationen mit höchsten Werten bei
vergleichbaren Entfernungen und einer sehr geringen Abweichung von der Regressionsgeraden (1 in Fig. 17) ausgeschieden. Obwohl eine Überprüfung ergab, daß sich die
drei Korrelationsgruppen, die in Fig. 17 durch die Regressionsgeraden 1 bis 3 erfaßt sind, wegen der geringen Anzahl von Beobachtungen nicht signifikant voneinander unterscheiden, wurde die Gliederung beibehalten, da sie sich
sinnvoll durch die Reliefsituation erklären ließ. Alle
Korrelationen, die durch die Regressionsgerade 2
$r_{Ni} = 0.995 - 0.024 d_{km}$ beschrieben werden, ergeben
sich bei Stationen, für die quasi eine unmittelbare Sichtverbindung besteht, wo also die verbindende Gerade der
kürzesten Entfernung durch kein Hindernis (Felsrippe o.ä.)
gequert wird. Bei ihnen nimmt die Korrelation um 0.024 pro
Kilometer ab (die Aussage gilt nur bis zu einer Entfernung
von rund 5 km). Die Regressionsgerade 1 weist mit 0.022
etwa gleiche Steigung auf wie 2. Die hier korrelierten
Stationen zeigen auch eine ähnliche gegenseitige Lagebeziehung mit direkter Sichtverbindung. Als zusätzliches
Kriterium ist zu nennen, daß es sich um Korrelationen
zwischen Meßorten handelt, die sich auf beiden Talflanken
gegenüber liegen. Die Unterschiede sind aber, wie Fig. 17
zeigt, nur minimal. Deutlich abgesetzt ist dagegen der
Punkteschwarm mit einem wesentlich geringeren Zusammenhang, der durch die Regressionsgerade 3 erfaßt ist. Die
Verbindung zwischen den Stationen wird hier durch markante S-N-streichende Rücken, die die einzelnen Kare
trennen, gequert. Der in Klammern gesetzte Punkt mit r =
0.853 bei einer Entfernung von nicht ganz einem Kilometer
gibt die Korrelation zwischen den Stationen Glaswand und
Obere Hausstatt, die durch zwei parallellaufende Höhen

getrennt sind. Für den Sommer 1973 ergeben sich ganz ähnliche Beziehungen. Die Korrelationen 1973 in Abhängigkeit von der Entfernung werden durch die Regressionsgerade $r_{Nd} = 0.990 - 0.017 \, d_{km}$ gekennzeichnet.

Die Analyse der Korrelationen der Niederschlagshöhen zwischen den Stationen ergibt deutlich einen Reliefeinfluß, den ich Nischeneffekt nenne. Durch die Kammerung eines Reliefs wird also die genaue Erfassung der Gesamtniederschläge erschwert, beziehungsweise unsicherer. Die Ergebnisse liefern aber gleichzeitig einen Hinweis, welche Areale durch ein Meßgerät mit hinreichender Zuverlässigkeit repräsentiert werden.

3.2.2 Der Einfluß der Reliefkammerung auf die Niederschlagsverteilung

Nachdem sich bei der Abnahme der Korrelationen mit wachsender Distanz der Stationen und durch Reliefeinfluß ein Nischeneffekt andeutete, der aber nicht statistisch abgesichert werden konnte, soll diese Erscheinung weiter überprüft werden. Als geeignet hierfür erwiesen sich die Doppelmassenkurven der Niederschlagshöhe einer Station zur Gebietsniederschlagshöhe. In Fig. 18 sind die Niederschlagshöhen der Stationen Brandenberg (N_6), zentral auf einer großen Ebenheit in 1020 m, und Obere Hausstatt (N_{12}), in extremer Nischenlage in einem Kar gelegen, gegen die Gebietsniederschlagshöhe ($\bar{N}$) aufgetragen. Die 45°-Linie gibt die vollständige Übereinstimmung von Stations- und Gebietsniederschlagshöhe an. Bereits ein erster Blick auf Fig. 18 läßt erkennen, daß die Einzelwerte in Nischenlage ($\bar{N}$ gegen N_{12}) wesentlich stärker streuen als bei der zentralen Ebenheit ($\bar{N}$ gegen N_6). Die statistischen Kennzahlen der Graphik sind in Tab. 10 zusammengestellt. Die Steigung der Regressionsgeraden weicht in beiden Fällen nur wenig vom Idealwert 1.0 ab. Deutlich sind aber die Unterschiede beim Korrelationskoeffizienten und bei der Standardabweichung, die bei 63 Beobachtungswerten auf dem 0.1%-Irrtumsniveau

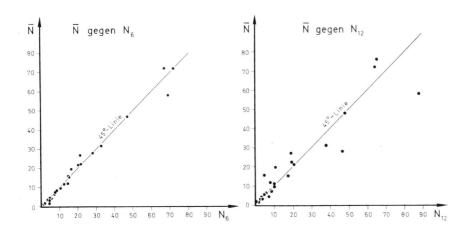

Fig. 18: Doppelmassenkurven der Niederschlagshöhen an den Stationen Brandenberg (N_6) und Obere Hausstatt (N_{12}) gegen die mittlere Gebietsniederschlagshöhe ($\bar{N}$).

	r	s	b
N_6 gegen $\bar{N}$	+0.990	2.124	+0.998
N_{12} gegen $\bar{N}$	+0.956	4.697	+1.100

Tab. 10: Korrelationskoeffizienten (r), Standardabweichung (s) und Steigung der Regressionsgerade (b) zwischen den Niederschlagshöhen der Stationen Brandenberg (N_6) und Obere Hausstatt (N_{12}) gegen die Gebietsniederschlagshöhe $\bar{N}$ im Sommer 1972.

signifikant sind. Damit ist der Nachweis des Nischeneffektes für das Lainbachgebiet auch statistisch abgesichert.

Bisher gibt es nur wenig quantitative Untersuchungen zur räumlichen Verteilung der Niederschläge in Abhängigkeit vom Relief. K.V. COLLINGS und D.G. JAMIESON (1968) haben nach Beobachtungen am Tyne mitgeteilt, daß sich die Unterschiede der Niederschlagshöhen bei Einzelereignissen aus der Topographie und dem Windfeld erklären lassen. In Anlehung an diese Untersuchung wurden auch die Niederschlagsdaten für die Stationen Glaswand (11, in 1275 m in einem Kar gelegen) und Hirschwiese (9, am Rand einer Nische in 1025 m aufgestellt) ausgewertet. Die Windrichtungen wurden von unserer Klimastation am Eibelsfleck in 1030 m übertragen. Die Nische ist gegen N bis NE geöffnet und im S durch den 1497 m hohen westoststreichenden Kamm der Glaswand abgeschlossen.

Um einen eventuellen Einfluß des Windes auf die Regenhöhe an beiden Stationen zu erfassen, wurden alle 63 Einzelniederschlagsereignisse mit den acht Hauptwindrichtungen kombiniert. Als Kriterium für die Zuordnung eines Regens zu einer bestimmten Windrichtung wurde die Richtung der maximalen Windgeschwindigkeit während der Niederschlagsdauer gewählt. Das Ergebnis ist in Fig. 19 dargestellt.

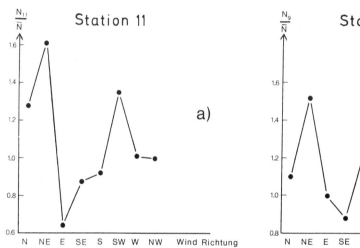
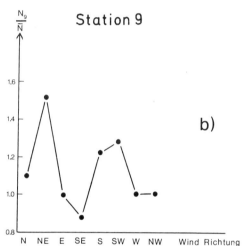

Fig. 19: Über- und unterdurchschnittliche Niederschlagshöhen, dargestellt durch den Quotienten aus Stations- zu Gebietsniederschlag, in Abhängigkeit von der Richtung der kräftigsten Winde während der Niederschlagsereignisse an den Stationen Glaswand (11) und Hirschwiese (9) als Beispiele für einen Nischeneffekt.

Auf der Abszisse sind die acht Hauptwindrichtungen, auf der Ordinate der dimensionslose Quotient aus Stations- zur Gebietsniederschlagshöhe aufgetragen. Werte >1 geben an, daß die Regenhöhe an der Station größer, bei <1, kleiner war als im Gebietsmittel.

Die Niederschlagsquotienten weisen an beiden Stationen in Abhängigkeit von der Windrichtung einen gleichsinnigen

Gang auf. Dabei zeigt sich, daß die Amplitude in extremer
Nischenlage (Fig. 9a) größer (0.97), in Randlage (Fig. 19b)
kleiner (0.64) ist. Das entspricht voll den Erwartungen.
Überdurchschnittliche Regenhöhen treten bei NE- bzw. SW-
Winden auf, wobei das NE-Maximum größer ist. Da die Nische
nach N bzw. NE geöffnet ist, ist das auch als Stauerscheinung verständlich. Keine Erklärung habe ich für die Oppositionswindrichtung. Wie später bei den Niederschlagslagen
noch zu zeigen sein wird, scheint sie aber für die Verteilung der Niederschlagshöhen in einem Gebiet bedeutsam.
Das hier vorgestellte Ergebnis ist nur für die Lagen der
Maxima und Minima auf dem 10%-Irrtumsniveau abgesichert.
In den Grundzügen stimmt es mit den Darstellungen bei K.V.
COLLINGS und D.G. JAMIESON (1968) überein.

3.2.3 Räumliche Variabilität der Niederschläge

Aus den korrelationsstatistischen Untersuchungen ergeben
sich ebenso wie aus der kartographischen Darstellung von
zwei Niederschlagsereignissen (Starkregen Fig. 14a, Landregen Fig. 14b), daß die Regenhöhen im Gesamtgebiet zum
Teil sehr unterschiedlich sein können. Als ein Maß, um die
räumliche Streuung der Niederschlagshöhen zu erfassen,
eignet sich sowohl die Standardabweichung (s) als auch
der Variabilitätskoeffizient $V(\%) = \frac{s}{\bar{N}}$, mit $\bar{N}$ mittlere
Gebietsniederschlagshöhe. Die Standardabweichung s gibt
den mittleren Fehler der Einzelbeobachtung, der mittlere
Fehler des Mittelwertes $s_{\bar{N}}$ ergibt sich unter Berücksichtigung der n Beobachtungen zu $s_{\bar{N}} = \frac{s}{\sqrt{n}}$. Die genannten
voneinander abhängigen Streumaße setzen eine hinreichend
angenäherte Normalverteilung voraus. In Fig. 20 sind
Häufigkeitsverteilungen der Regenhöhen an den 12 Stationen
für einzelne Niederschlagsereignisse (E1, E4 usw.) mit
unterschiedlichen Ergiebigkeiten dargestellt. Danach weisen mit Ausnahme von E4 alle übrigen eine hinreichende
Normalverteilung auf. Dies ergab sich auch bei einer Überprüfung der Differenz zwischen Mittelwert ($\bar{N}$) und der Dichtemittel (D) mit dem zugehörigen doppelten Standardfehler

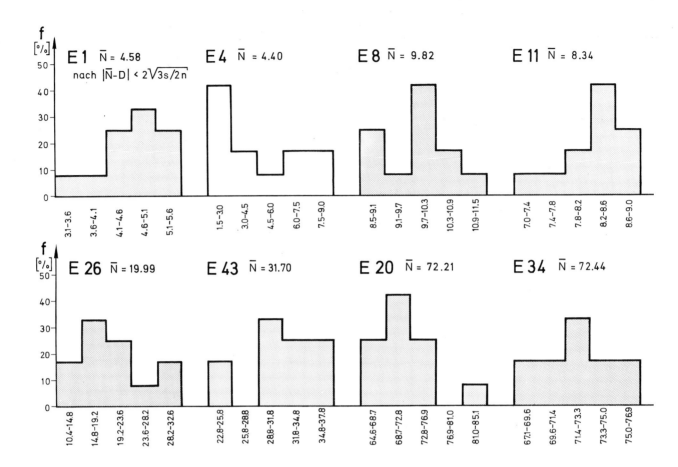

Fig. 20: Häufigkeitsverteilungen der Niederschlagshöhen für die 12 Meßstellen bei Einzelereignissen (E1, E4 usw.) mit unterschiedlicher Ergiebigkeit ($\bar{N}$).

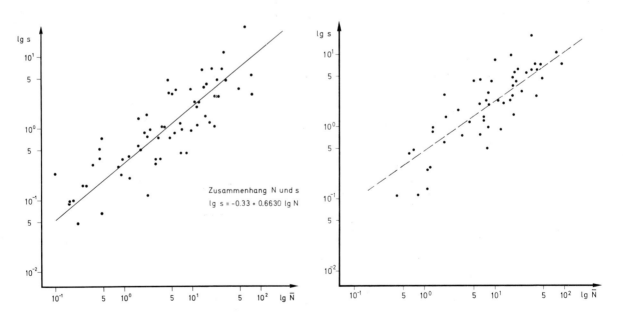

Fig. 21: Zusammenhang zwischen den Logarithmen der Standardabweichung (s) und des mittleren Gebietsniederschlags ($\bar{N}$) in den Sommern 1972 (links) und 1973 (rechts).

($2\sqrt{3s/2n}$), wobei stets $|\bar{N}-D| < 2\sqrt{3s/2n}$ war, woraus auf eine symmetrische Verteilung geschlossen werden darf.

Die Auswertung der Niederschläge in den Sommern 1972 und 1973 ergab, daß Regenhöhe und Standardabweichung signifikant mit Werten + 0.85 korreliert sind. Nach Fig. 21 wächst der lg s 1972 linear mit dem lg N gemäß der Beziehung lg=-0.33 + 0.663 lg N, 1973 ist die Steigung mit 0.763 nur wenig größer. Zum Vergleich beider Punktschwärme ist die Regressionsgerade für 1972 (links) gerissen auch in die Darstellung für 1973 (rechts) eingetragen.

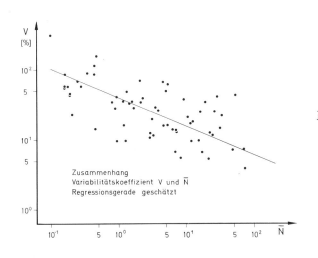

Fig. 22: Zusammenhang zwischen den Logarithmen des Variabilitätskoeffizienten (V) und des mittleren Gebietsniederschlags ($\bar{N}$) im Sommer 1972.

Der Variationskoeffizient nimmt erwartungsgemäß (Fig. 22) mit wachsender Niederschlagshöhe ab.

Für Wasserhaushaltsuntersuchungen ist entscheidend, mit welcher Genauigkeit das Niederschlagsdargebot auf einer Fläche erfaßt werden kann. Für die Niederschlagsereignisse 1972 (Anzahl der Fälle n_1 = 63), 1973 (n_2 = 52) und für beide Jahre zusammen (n = 115) wurde der prozentuale mittlere Fehler der Gebietsniederschlagshöhe berechnet (Tab. 11). Dabei wurde eine Irrtumswahrscheinlichkeit von 10% (α = 0.1) als tragbar angenommen. Wie Fig. 23a (1972) zeigt, ergibt sich bei geometrisch wachsender Progression der Klassenbreite des Variationskoeffizienten eine angenäherte Normalverteilung. Die Modalklasse liegt im Bereich von 10-20%, der Mittelwert beträgt 18.5%, der Median 12.1%. 19% der Fälle weisen einen mittlere Abweichung von 20-40% und weitere 8% von über 40% auf. Diese Unsicherheit in der Berechnung des Gebietsniederschlages ist beträchtlich.

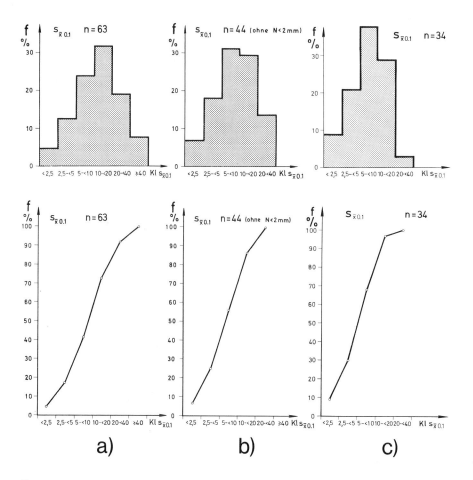

Fig. 23: Häufigkeitsverteilung des Variationskoeffizienten bei α =0.1 für alle Niederschlagsereignisse im Sommer 1972, darunter die entsprechenden Summenkurven (s. Text).

Da nach Fig. 22 der Variationskoeffizient mit wachsender Regenhöhe abnimmt, entfallen die hohen Streuwerte vor allem auf Niederschläge mit geringer Ergiebigkeit. In Fig. 23b blieben daher alle Regen mit weniger als 2 mm unberücksichtigt. Dadurch verringerte sich der Mittelwert der Variationskoeffizienten auf 12.4%, was einer Verbesserung der Berechnungsgrundlage von rund 6% entspricht (s. auch Tab. 11). Eine ebenfalls sehr große Variationsbreite weisen konvektive Niederschläge auf. Bei den meisten Gewittern ergab sich ein Variationskoeffizient von mehr als 20%. Gerade diese starken Gewitterregen, die häufig zu kräftigen Hochwasserabflüssen führen, lassen sich also nur mit einer beträchtlichen Unsicherheit erfassen. Für die restlichen 34 Niederschlagsereignisse zeigt Fig. 23c die Häufigkeitsverteilung. Die Modalklasse liegt nunmehr, wie auch schon bei Fig. 23b, bei 5-10% und der Mittelwert sinkt mit 9.7% unter 10% ab. Die Analyse des Variationskoeffizienten der räumlichen Niederschlagsverteilung für 1972 ergibt, daß sich Landregen mit einer erträglichen Unsicherheit erfassen lassen, bei Niederschlagshöhen kleiner als 2 mm (sie sind für den Oberflächenabfluß nicht so bedeutend) und bei Gewitterregen sind die Variationsbreiten in der Berechnung viel größer. Was für 1972 in Teilschritten dargelegt wurde, trifft auch für 1973 und die Gesamtereignisse in beiden Jahren zu. Mediane und Mittelwerte mit dem 95%-Vertrauensbereich sind als Belegmaterial dafür in Tab. 11 zusammengefaßt. Danach unterscheiden sich beide Jahre nur wenig voneinander.

	n	Variationskoeffizient 95%-VB-Median	95%-VB-Mittelwert
1972 alle Fälle	63	9.5 <12.1 <15.3	14.7 <18.5 <23.4
1972 ohne N<2 mm	44	6.7 <8.7 <11.2	9.6 <12.4 <16.0
1972 ohne N<2 mm ohne Gewitter	34	5.4 <7.1 <9.3	7.4 <9.7 <12.7
1973 alle Fälle	52	9.4 <11.4 <14.0	12.2 <14.8 <18.1
1973 ohne N<2 mm	42	8.0 <10.4 <13.5	10.4 <13.5 <17.6
1972/73 alle Fälle	115	11.7 <11.8 <11.9	16.5 <16.7 <16.9
1972/73 ohne N<2 mm	86	9.3 <9.5 <9.6	13.1 <13.3 <13.5

Tab. 11: 95%-Vertrauensbereich (VB) der Mediane und Mittelwerte des Variationskoeffizienten des Gebietsniederschlages für 1972 und 1973 (n = Anzahl der Ereignisse).

Die etwas günstigeren Werte 1973 gegenüber 1972 unter Berücksichtigung aller Ereignisse sind dadurch zu erklären, daß in dem niederschlagsreicheren Jahr 1973 (s.Tab. 2) die Anzahl der Regen mit N<2 mm sehr viel geringer war. Aus den Grenzen des 95%-Vertrauensbereiches für beide Jahre (1972/73) ergibt sich, daß die Unterschiede der Mediane und Mittelwerte des Variationskoeffizienten zwischen allen Ereignissen (n = 115) und jenen ohne N<2 mm (N = 86) eindeutig sind. Da die mittlere Streuung des Mittelwertes nach der Fehlertheorie (s. auch S.40) reziprok proportional zur Wurzel aus der Anzahl der Meßstellen ($1/\sqrt{n}$) ist, muß die Anzahl der Meßstellen, um den mittleren Fehler zu halbieren, vervierfacht werden. Dies ist im Regelfall aus ökonomischen Gründen nicht möglich. So müssen andere Wege gesucht werden, um den Gebietsniederschlag besser abzusichern.

3.2.4 Horizontale Lagetypen der Niederschlagsverteilung

Nachdem voranstehend der mittlere Fehler (Abweichung) des Mittelwertes aus den punktuellen Messungen des Niederschlages an mehreren Stationen in einem Gebiet dargestellt wurde, erhebt sich die Frage nach den Ursachen dieser unterschiedlichen Niederschlagsverteilung. Erst wenn sie bekannt sind, können Korrekturen zur Verbesserung der Gebietsniederschlagswerte abgeleitet werden. Nachfolgend sollen die Niederschlagsänderungen vor allem nach zwei Richtungen, die sich in Niederschlagskarten allgemein abzeichnen, untersucht werden:
1. Änderungen in der Horizontalen (x-y - Ebene),
2. Änderungen in der Vertikalen (z - Richtung).
Niederschlagsänderungen in beiden Richtungen sind in einem realen Relief selbstverständlich voneinander abhängig. Bei den nachfolgenden Betrachtungen setze ich die Variation in der Horizontalen (x-y - Ebene) an die erste Stelle und berechne die Höhenänderung als Restgröße. Diese Festlegung geht von der Überlegung aus, daß ein abgegrenztes, diskretes Niederschlagsgebiet eine Verteilung der Regenhöhen zeigt, die von den Rändern gegen das Zentrum zunimmt, also primäre Änderungen des Niederschlages auch in der Ebene auftreten. Die Unterschiede in Abhängigkeit vom relativen Relief ist dann eine sekundäre Variation.

Um diese Fragen zu erörtern, sollen zunächst die Muster der Niederschlagsverteilung in den Monaten Juni, Juli, August und den beiden Monatshälften Mai und September sowie im Gesamtsommer 1972 vorgestellt werden (Fig. 24).

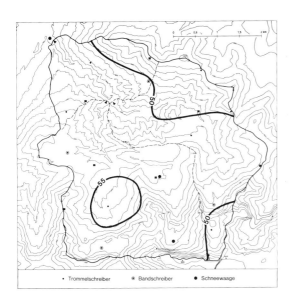 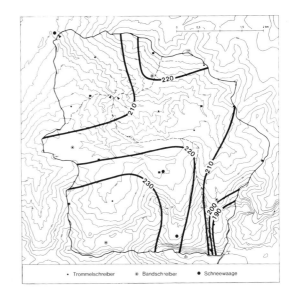

Fig. 24: Niederschlagsverteilung im Lainbachgebiet in der zweiten Maihälfte (links) und im Juni 1972 (rechts).

Die zweite Maihälfte 1972 (Fig. 24) zeichnet sich durch eine sehr gleichmäßige Verteilung der Niederschläge aus, mit einer schwachen Zunahme von NE gegen SW. Auffallend ist bereits hier, daß die Station Obere Hausstatt (im SE des Gebietes) relativ zur Tiefentalalm, nur wenig nördlich davon gelegen, eine geringere Niederschlagshöhe aufweist. Diese Erscheinung läßt sich bei fast allen anderen Verteilungsmustern wieder finden und tritt ebenso in den Einzelmonaten 1973 auf. Diese Regelhaftigkeit kann auf zwei Ursachen zurückgeführt werden. Der Ombrograph an der Oberen Hausstatt, der zwar, wie auch die übrigen, mit einem Windschutz versehen ist, liegt oberhalb der hier anthropogen, durch Almweide stark herabgedrückten Waldgrenze, so daß der Windeinfluß auf die Messung kräftiger sein könnte. Der zweite Grund ist in der Abschirmung der Meßstelle durch markante Rahmenhöhen im W, S und E zu sehen, so daß eine echte Leelage bei den Niederschlägen auftritt. Wie Fig. 18 zeigt (N_{12}), sind die negativen Abweichungen vom Gebietsmittel bei kräftigen Niederschlägen stärker als die positiven. Gerade sie wirken sich aber auf die Monats- und Sommersummen besonders aus. Mit diesem Hinweis ist noch keine Entscheidung zwischen beiden angeführten Alternativen möglich. Ein Vergleich mit den Niederschlagswerten im Glaswandkar (im SW des Gebietes) zeigt, daß auch hier im allgemeinen die Summen der Regenhöhen niedriger sind als im nördlich anschließenden Bereich. Der Ombrograph (N_{11}) liegt aber in einer ausgedehnteren Waldlichtung geschützt. Hinsichtlich der Umrahmung durch Rücken und Grate ist er mit N_{12} vergleichbar. Die negative Abweichung der Monatssummen dürfte danach durch die Nischenlage hervorgerufen werden.

Im Juni 1972 ist das Isohyetenbild schon lebhafter (Fig. 24). Es deutet sich bereits an, daß etwa im Verlauf der Tiefenlinie des SE gegen NW gestreckten Talverlaufes die geringsten Niederschlagswerte auftreten. Besonders deutlich wird dies im August (Fig. 25), ist aber auch auf den übrigen Niederschlagskarten zu erkennen. Da diese Erscheinung 1973 in gleichem Maße nachweisbar ist, wie aus den Auswertungen von E. FINK (1974) hervorgeht, liegt hier ein regelhaftes Verteilungsmuster vor. Die Richtung der Zone mit minimalen Niederschlägen tendiert vom Taleingang gegen den Sattel beim Ombrographen Sattelalm (N_6) in der ostwärtigen Umrahmung. Als Erklärung für die Verringerung der Regenhöhen in diesem Bereich kann angenommen werden, daß die Niederschlagsgebiete ungestört durchziehen, während an den Rücken und Graten nördlich und südlich davon Staueffekte auftreten.

Die Niederschlagskarte vom Juni 1972 (Fig. 25) wird vor allem durch die Verteilung des Starkregens am 25./26.7.72 geprägt (s.Fig. 14). Auffallend ist die kräftige Zunahme der Regenhöhen im E des Gebietes, die auch im August (Fig. 25) und für den Sommer 1972 (Fig. 26) festgestellt werden kann. Sie geht auf die Häufigkeit einer typischen horizontalen Niederschlagslage zurück, auf die nachfolgend näher ein-

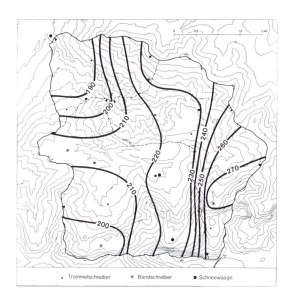 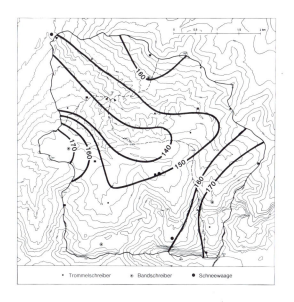

Fig. 25: Niederschlagsverteilung im Lainbachgebiet im Juli (links) und August 1972 (rechts).

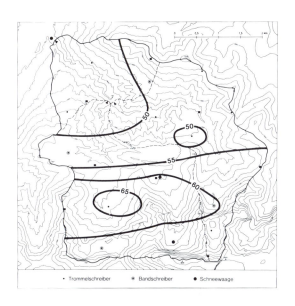 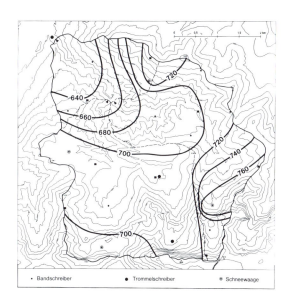

Fig. 26: Niederschlagsverteilung im Lainbachgebiet im September (links) und in der Zeit vom 16.5. bis 15.9.1972 (rechts).

gegangen wird.

In der ersten Septemberhälfte (Fig. 26) ist die Niederschlagsverteilung wieder gleichmäßiger. Es lassen sich aber einige oben schon erwähnte Regelhaftigkeiten wieder erkennen, nämlich das Minimum im Talverlauf, die Zunahme der Regenhöhen nördlich und südlich davon sowie eine Verringerung der Niederschläge in den Karnischen. Die Niederschlagskarte für den Sommer 1972 (Fig. 26) gibt das gewichtete Mittel aus den fünf Einzelkarten, so daß die genannten Grundtendenzen in Abwandlungen wieder auftreten.

Ein Vergleich der einzelnen vorgestellten Niederschlagsmuster zeigt, daß keines einem anderen völlig gleicht. Es lassen sich aber einige Regelhaftigkeiten erkennen, die auf gemeinsame Grundtendenzen der Verteilung zurückgeführt werden müssen. Da sich die Verteilungen der Monatssummen aus der Überlagerung der Niederschlagsverteilung der Einzelereignisse ergibt, war es naheliegend, die Verteilungsmuster aller Einzelniederschläge zu analysieren, um zu prüfen, ob sich Regelhaftigkeiten finden. Dazu wurden für alle Niederschlagsereignisse 1972 (n = 63) und 1973 (n = 52) Niederschlagskarten gezeichnet. Daraus ergab sich eine systematische Zuordnung zu verschiedenen Lagetypen. Eine spezielle Auswertung erfolgt zunächst nur für 1972, die Typen treten aber auch 1973 auf.

Ein Lagetyp der horizontalen Niederschlagsverteilung wird charakterisiert durch eine regelhaft erfaßbare Änderung der Regenhöhe in der x-y - Ebene (Projektionsebene der Karte). Die Niederschläge nehmen z.B. von N nach S oder von W nach E zu. Entsprechend den 8 Hauptrichtungen der Windrose wurden zunächst 8 Hauptlagetypen des Niederschlags ausgeschieden, die in Fig. 27 schematisch dargestellt sind (s. auch Tab. 12). Hinzu kommen die Kernlage (IX) mit dem Maximum oder Minimum im bzw. nahe dem Zentrum des Gebietes und die Kreuzlage (X), bei der die Maxima und Minima kreuzweise gegenüber liegen, z.B. Maxima im NW und SE, Minima im NE und SW bzw. umgekehrt.

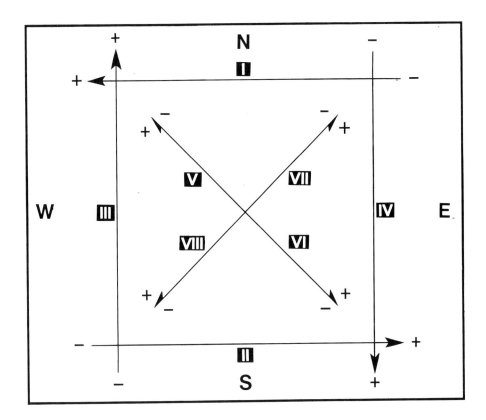

Fig. 27: Schema der horizontalen Lagetypen der Niederschlagsverteilung. Die Pfeile geben jeweils die Richtung der Niederschlagszunahme (+) bei den Lagen I bis VIII an.

Lagetyp Zunahme von→nach	Typ Nr.	Anzahl der Fälle 1972	1973	1972/73
E → W	I	8	2	10
W → E	II	9	2	11
S → N	III	3	4	7
N → S	IV	6	3	9
SE → NW	V	5	2	7
NW → SE	VI	9	7	16
SW → NE	VII	2	4	6
NE → SW	VIII	5	3	8
Kernlage	IX	8	10	18
Kreuzlage	X	8	8	16
		63	45	108

Tab. 12: Zuordnung der Einzelniederschlagsereignisse zu den zehn ausgeschiedenen Niederschlagslagen 1972 und 1973.

Tab. 12 zeigt, daß von 108 erfaßten Ereignissen (1973 ließen sich sieben Fälle nicht zuordnen) 74 oder 69% der Niederschlagsereignisse mit den Hauptrichtungen der Windrose korrespondieren. 1972 liegt ihr Anteil mit 47 von 63 Fällen (75%) sogar noch höher. Sieht man einmal von den Kern- und Kreuzlagen ab, deren komplexe Struktur ich gegenwärtig noch nicht deuten kann, so tritt die größte Häufigkeit bei Kombination mit den Richtungen NW (23 = 31%) auf. Dies wird vor allem 1972 deutlich, wo auf NW-Kombinationen 14 (30%), auf W-Richtungen 17 (36%) entfallen. Alle anderen Richtungen liegen unter 30% Anteil. Diese Verteilung der Niederschlagslagen 1972 zeigt eine große Ähnlichkeit zur Häufung der Windrichtungen während der Dauer der Niederschläge (Fig. 28). Zur Konstruktion dieser Windrose wurden alle

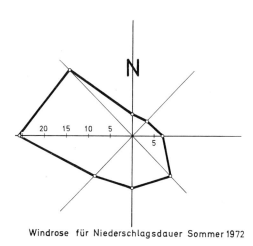

Windrose für Niederschlagsdauer Sommer 1972

Fig. 28: Windrose für Zeiten mit Niederschlag im Sommer 1972.

Windrichtungen, die an der Station Eibelsfleck zusammen mit dem Windweg in einstündigen Intervallen abgerufen und auf Lochstreifen gespeichert werden, für die Dauer der einzelnen Niederschlagsereignisse ausgewertet. Danach liegt die größte Häufigkeit mit 25.9% bei Westwinden, gefolgt von 20.9% aus NW-Richtung. Es scheint sich danach eine relativ enge Abhängigkeit zwischen der horizontalen Änderung der Niederschlagshöhe im Gebiet und den vorherrschenden Windrichtungen während des Regens abzuzeichnen.

Ehe auf diese Zusammenhänge näher eingegangen wird, sollen einzelne Lagen im Kartenbild vorgestellt werden, um zu belegen, daß die Veränderungen auch real existieren (Fig. 29 und 30). In Fig. 29 ist die mittlere Niederschlagsverteilung aus 9 Ereignissen im Sommer 1972 dargestellt, bei denen die Regenhöhen von W nach E zunehmen (Lage II). Sie zeigt eben-

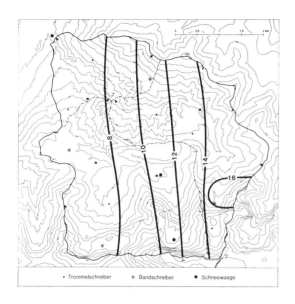 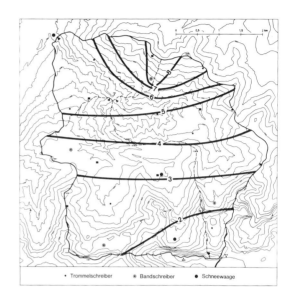

Fig. 29: Horizontale Lagetypen der Niederschlagsverteilung. Links Lage II, Zunahme der Regenhöhen von W nach E, rechts Lage III, Zunahme der Regenhöhen von S nach N.

so wie Fig. 29 (Lage III, Zunahme von S nach N), daß sich die Veränderungen systematisch erfassen lassen.

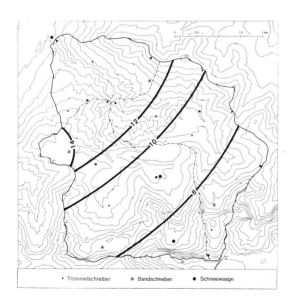 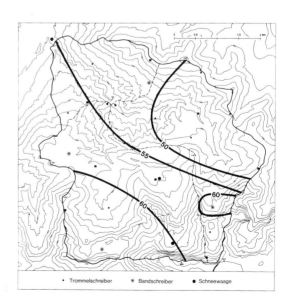

Fig. 30: Horizontale Lagetypen der Niederschlagsverteilung. Links Lage V, Zunahme der Regenhöhen von SE nach NW, rechts Lage VIII, Zunahme der Regenhöhen von NE nach SW.

Lage V (Fig. 30, Zunahme von SE nach NW) und Lage VIII
(Fig. 30, Zunahme von NE nach SW) sollen nur zeigen,
daß diese systematischen Änderungen selbst auf kleinem
Raum auch bei anderen Richtungen auftreten.

Wie oben ausgeführt, besteht eine enge Korrelation zwischen
Häufigkeit der während der Niederschläge herrschenden Windrichtungen und den horizontalen Niederschlagslagen. Die
wirklichen kausalen Zusammenhänge zwischen beiden Größen
sind aber weit schwieriger zu erfassen, da Richtung der
Niederschlagszunahmen und Hauptwindrichtung keinesfalls
unmittelbar korrespondieren und zudem die Windrichtungen
selbst während eines Niederschlagsereignisses stark variieren (s. Tab. 13).

Lage	Dauer Stunden	N	NE	E	SE	S	SW	W	NW
I	116	3.4	2.6	9.5	12.1	4.3	12.9	<u>35.3</u>	19.8
II	96	6.2	2.1	3.1	17.7	12.5	16.7	<u>26.0</u>	15.6
III	18	<u>33.3</u>	5.5	5.5	5.5	22.2	0.0	16.7	11.1
IV	92	1.1	3.3	2.2	5.4	13.0	22.8	<u>31.5</u>	20.6
V	82	3.6	3.6	3.6	19.5	12.2	8.5	23.1	<u>25.6</u>
VI	226	4.9	5.8	5.8	9.7	9.7	11.5	25.2	<u>27.0</u>
VII	16	6.2	0.0	6.2	12.5	0.0	0.0	31.3	<u>43.7</u>
VIII	70	2.8	7.1	12.8	<u>18.6</u>	11.4	14.3	<u>18.6</u>	14.3
IX	74	6.8	5.4	9.4	17.6	<u>18.9</u>	9.4	14.8	17.6
X	128	5.5	7.0	10.9	8.6	14.8	9.4	<u>27.3</u>	16.4
insg.	918	5.0	4.7	7.0	12.4	11.7	12.4	25.9	20.9

Tab. 13: Prozentuale Häufigkeit der Windrichtungen während
Niederschlag im Sommer 1972, gegliedert nach Lagen.

Nach Tab. 13 ist die Hauptwindrichtung (in Tab. 13 unterstrichene Werte) mit Ausnahme der Lagen III und IX entweder
W oder NW. Danach ergibt sich keine einfache Beziehung zwischen Niederschlagslage und Windrichtung. Es wurden mehrere
Versuche unternommen, um einen Zusammenhang zu erstellen,
z.B. zwischen Niederschlagslage und der Richtung der kräf-

tigsten Winde oder zur Richtung der Winde während des Niederschlagsmaximums. Alle führten zu dem gleichen negativen Ergebnis.

Eine systematische Zuordnung zwischen Niederschlagslage und Windrichtung zeichnet sich aber ab, wenn man von der Niederschlagslage ausgeht. Für jede der acht Niederschlagslagen in Richtung der Windrose lassen sich jeweils zwei der Richtung der Niederschlagsänderung parallele, jedoch entgegengesetzte Windvektoren zuordnen. Z.B. bei Lage I nimmt der Niederschlag von E nach W zu. Die beiden zueinander parallelen, aber entgegengesetzt gerichteten Windvektoren sind W bzw. E. Sie sind identisch mit jenen der Lage II, bei der die Regenhöhe von W nach E zunimmt. Zwischen der Richtung der Niederschlagsänderung und dem Windvektor der zugeordneten Richtungen mit der geringeren Häufigkeit (bei Lagetyp I E-Wind mit 9.5 bzw. 3.1%, bei Lagetyp II - der W-Wind hat 35.5 bzw. 26.0% - s.Tab. 13), der nachfolgend als Oppositionswind bezeichnet wird, besteht nun eine systematische Beziehung. Man erhält sie, wenn man von der mittleren zu erwartenden Häufigkeit (in %) des Oppositionswindes ausgeht, wie sie in Fig. 28 und in Tab. 13, Zeile insgesamt, dargestellt ist, und die mittlere Häufigkeit der Windrichtung mit den bei den einzelnen Lagen real auftretenden Häufigkeiten vergleicht. Für das Beispiel Lage I ist die reale Ostwindhäufigkeit 9.5%, für Lage II 3.1% (Tab. 13, Zeile 1 u.2), die mittlere beträgt 7.0% (Tab. 13, letzte Zeile). Ist die prozentuale Dauer des E-Windes größer als die mittlere Erwartung, nehmen die Niederschläge in Richtung des Oppositionswindes zu (Lage I : 9.5>7.0), im anderen Falle ab (Lage II : 3.5< 7.0). Die Werte sind in Tab.14 zusammengestellt und können anhand von Tab. 12 und 13 überprüft werden.

Wie Tab. 14, S. 56, zeigt, ergeben sich mit Ausnahme der Lage IV sehr gute Übereinstimmungen. Bei Lage IV ist zu berücksichtigen, daß das Anemometer der Klimastation Eibelsfleck, das in nur 5 m über Grund aufgestellt ist,

Lage Typ Nr.	Zunahme von→nach	Oppositions- windrichtung	Häufigkeit der Oppositionswinde real		Mittel
I	E→W	E	9.5	>	7.0
II	W→E	E	3.1	<	7.0
III	S→N	S	22.2	>	11.7
IV	N→S	N	1.1	<	5.0
V	SE→NW	SE	19.5	>	12.4
VI	NW→SE	SE	9.7	<	12.4
VII	SW→NE	NE[1]	12.4	<	16.7
VIII	NE→SW	NE	7.8	>	4.7

Tab. 14: Zusammenhang zwischen Niederschlagslage und Oppositionswindrichtung. 1) Anstelle NE-Wind wurde hier die Summe der Häufigkeiten aus dem NE-Quadranten (N bis E) gewählt.

eventuell in der Windrichtung gegenüber der Strömung in 100 - 200 m über dem Boden Abweichungen als Folge der Reliefeinflüsse aufweisen kann.

Zwar ergab die Analyse der Lagen keine Klärung der Dynamik des Niederschlagsgeschehens, doch ist zumindest ein Hinweis auf mögliche Kausalitäten erarbeitet. Bei der Kernlage (Nr. IX) ist in Tab. 13 die sehr gleichmäßige Häufigkeit aller Windrichtungen auffallend. Für die Kreuzlagen konnte kein Zusammenhang mit den Windrichtungen gefunden werden. Nach diesen Ausführungen scheint die Oppositionswindrichtung im Sinne der Definition einen gewissen Einfluß auf den Typ der Niederschlagslage zu haben.

Ein weiteres Charakteristikum der Lagetypen sind die Niederschlagsgradienten mit wachsender Seehöhe, die in Tab. 15 zusammengestellt sind. Nach Ausweis von Tab. 15 zeigen die Lagetypen II, IV und VI eindeutig positive, die Lagetypen I, III, V aber negative Höhengradienten der Niederschlagsverteilung. Bei den Lagen VII und VIII sowie bei Zentrallagen (IX) sind sie nur schwach entwickelt. Die Kreuzlage weist je nach ihrer Ausbildung entweder stark positive oder stark negative Gradienten auf. Zum Vergleich

Lagetyp	Niederschlags- zunahme von→nach	Niederschlagsgradient in mm/100 Höhenmeter positiv (+)	negativ (-)	Stationsgradient in m/100 m Horizontaldistanz
I	E→W		-0.53	-6.7
II	W→E	+0.31		+6.7
III	S→N		-0.60	-9.5
IV	N→S	+0.58		+9.5
V	SE→NW		-1.05	-11.0
VI	NW→SE	+0.94		+11.4
VII	SW→NE		-0.05	-3.0
VIII	NE→SW		-0.04	+3.0
IX	Zentrallage	+0.06		
X	Kreuzlage	+0.90	-0.45	

Tab. 15: Höhengradienten des Niederschlages in mm/100 m Höhendifferenz bei den einzelnen Lagetypen und Höhenänderung der Meßstationen (Stationsgradient in m/100 m Horizontaldistanz) in gleicher Richtung wie die Lagetypen.

sind auch die Stationsgradienten mit in Tab. 15 aufgenommen worden. Sie geben an, um wieviel Meter pro 100 m Horizontaldistanz im Mittel die Stationshöhen in Richtung der Lagetypen, also etwa von W→E oder N→S anheben bzw. in entgegengesetzter Richtung tiefer liegen. Der Vergleich zeigt, daß beide Gradienten bei den Lagen I-VI, auf die 75% aller Niederschlagsereignisse mit 66% des Sommerniederschlages 1972 entfallen, nicht nur in den Richtungen sondern auch im Trend ihrer Beträge übereinstimmen. Das ist auch ganz plausibel, da bei einer Zunahme der Niederschläge, z.B. von E→W die tiefer gelegenen Stationen mehr Niederschlag erhalten (negativer Gradient) als die höheren. Bei sehr geringem Stationsgradienten (Lagen VII und VIII) werden auch die Änderungen des Niederschlages mit der Seehöhe minimal.

Die Höhengradienten der Niederschlagsverteilung sind nur Merkmale der Lagetypen, sagen aber über ihre Entstehung nichts aus. Ein genetischer Einfluß deutet sich dagegen bei der Windverteilung an. Durch das Windfeld wird aber auch die Verteilung der Regenhöhe in einem größeren Niederschlagsgebiet, das man bei einem Einzelereignis als Diskretum auffassen kann, beeinflußt. In Fig. 31 ist ein diskretes Nie-

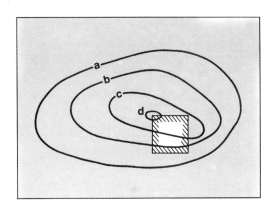

Fig. 31: Schematische Darstellung eines von der Isohyete a begrenzten diskreten Niederschlagsgebietes (mit a<b<c<d). Schraffiert umrandetes Quadrat ist ein Beobachtungsgebiet mit einem Spezialmeßnetz (siehe Text).

derschlagsgebiet durch Isohyeten (mit a<b<c<d) schematisch dargestellt. Wählt man einen kleinen beliebigen Ausschnitt (schraffiert umrandetes Feld) aus dem beregneten Bereich aus, so hängt es von dessen Lage ab, nach welcher Seite die Niederschlagshöhen zu- oder abnehmen. Auf diesem vereinfachten Schema aufbauend kommt man auch zu einer näherungsweisen Deutung der Niederschlagslagen im Lainbachbereich. In Fig. 32 sind links die Niederschlagsverteilungen von Regen am 16.6.1972 und rechts am 27.7.1972 dargestellt. Die gerissenen Isohyeten geben die Niederschlagsverteilungen nach den amtlichen Stationen aus der Umgebung, die ausgezogenen nach dem eigenen Spezialnetz wieder. Nach Fig. 32 weisen die Verteilungen der Regenhöhen am 16.6.1972 sowohl nach dem amtlichen wie dem Spezialbeobachtungsnetz einen ähnlichen Trend mit einer Zunahme der Niederschläge von NW nach SE auf (entspricht Lagetyp VI). Dabei geben die eigenen Messungen bei der hohen Dichte des Stationsnetzes ein sehr viel differenzierteres Bild, das bei den weitständigen amtlichen Ombrometern nicht erwartet werden kann. Auch die Beträge der Niederschlagshöhen variieren zwischen beiden Aufnahmen verständlicherweise. In Fig. 32 ist die Übereinstimmung beim Regen am 27.7.1972 zwischen beiden Linien-

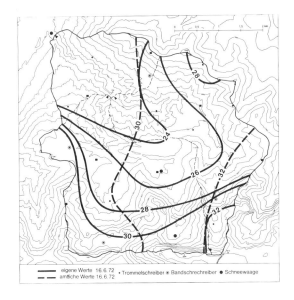 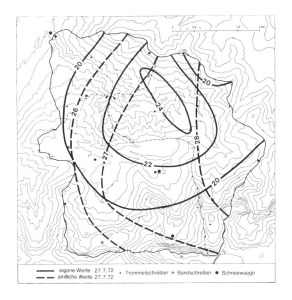

Fig. 32: Vergleich der Niederschlagsverteilungen bei Einzelereignissen am 16.6. (links) und am 27.7.1972 (rechts), wie sie sich anhand der Daten des weitständigen amtlichen und des dichten eigenen Beobachtungsnetzes ergeben.

führungen mit Ausnahme im NW weit geringer. Während nach dem amtlichen Netz ein Lagetyp II (Zunahme von W→E) vorliegt, ergibt sich nach den eigenen Beobachtungen Lagetyp IX (zentral). Der Unterschied ist durch lokale Einflüsse, die das Bild der Niederschlagsverteilung verändern, bedingt. Danach lassen sich die Lagetypen der Niederschläge nur teilweise durch die großräumige Anordnung der Niederschlagsbanden erklären. Sie werden in starkem Maße auch von lokalen, reliefbedingten Ursachen gesteuert.

3.2.5 Die Änderung des Niederschlages mit der Höhe über NN

Nachdem oben die horizontale Komponente der Veränderlichkeit der Niederschläge dargestellt und quantitativ erfaßt wurde, soll nachfolgend auf die Änderungen der Niederschläge in Abhängigkeit von der Seehöhe, wie sie sich in einem engmaschigen Beobachtungsnetz ergeben, eingegangen werden, da sie für die Berechnung des Gebietsniederschlages ebenfalls eine Unsicherheit bergen. Die Zunahme der

Niederschläge mit wachsender Seehöhe in den Gebirgen ist
seit langem bekannt und scheinbar eine gesicherte Erkenntnis. E. REICHEL (1931) drückt sich aber viel vorsichtiger
aus, wenn er schreibt, daß eine gewisse Abhängigkeit des
Niederschlags von der Seehöhe deutlich ist, die Niederschlagsdaten aber nicht eindeutig Höhenwerten zugeordnet werden können. Nach H. UTTINGER (1951) weisen die Höhengradienten (Änderung der Niederschlagshöhe in mm pro
100 Höhenmeter) eine sehr starke Streuung auf. A. BAUMGARTNER (1957, 1958) kommt zu dem Ergebnis, daß sich am
großen Falkenstein (Bayer. Wald) bei den Monatssummen
des Niederschlags keine eindeutige Zunahme mit der Seehöhe an einem Einzelberg ergeben, daß vielmehr alle Variationsmöglichkeiten vorhanden sind, wobei gleichzeitig
für das Gesamtgebiet des Bayerischen Waldes eine solche
Abhängigkeit besteht (A. BAUMGARTNER 1970). Für die Westalpen hat zuletzt D. HAVLIK (1969) die Höhenabhängigkeit
von Niederschlägen anhand von Tageswerten überprüft und
gezeigt, daß eine positive Korrelation zwischen beiden
Größen nicht zwangsläufig besteht, sondern nur unter
besonderen synoptischen Bedingungen auftritt.

Im Niederschlagsgebiet des Lainbaches sind ebenfalls alle
Korrelationsmöglichkeiten der Änderung des Niederschlages
mit der Seehöhe offen. In Fig. 33, S. 61, sind fünf Beispiele von Höhengradienten aus 63 Fällen 1972 herausgegriffen. Es treten danach sowohl positive (Fig. 33a), wie
negative (Fig. 33b) Gradienten auf und Regenfälle, die
keine Änderung (Fig. 33c) mit der Seehöhe aufweisen. Der
Variationskoeffizient der mittleren Lage der Meßpunkte
um die Regressionsgerade schwankt bei den fünf gewählten Beispielen zwischen 1.2 und 19.3%, also ebenfalls in
weiten Grenzen. Dies weist darauf hin, daß die Höhenabhängigkeit nicht immer sehr eng ist. Es besteht auch nur
eine schwache Korrelation zwischen Niederschlagssumme
und Höhengradienten. Zwar zeigen alle Regen mit mehr als
20 mm pro Einzelereignis Gradienten größer als 0.5 mm/100

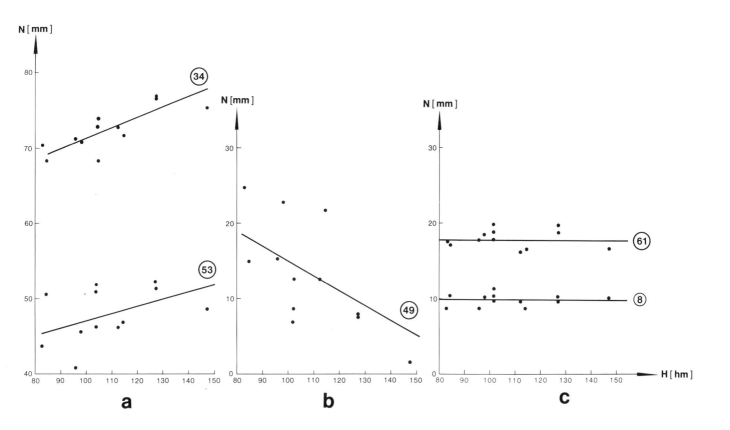

Fig. 33: Regressionsgeraden für die Änderung der Niederschläge mit der Höhe ü.NN an fünf ausgewählten Beispielen des Sommers 1972.

Höhenmeter, doch treten solche Werte auch bei Niederschlägen mit nur 5-15 mm auf.

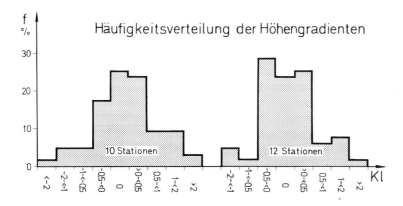

Fig. 34: Häufigkeitsverteilung der Höhengradienten des Niederschlages bei 63 Einzelfällen anhand von 10 bzw. 12 Stationen.

Betrachtet man die statistische Häufigkeit der Höhengradienten des Niederschlages in den Klassen von kleiner als -2mm/hm bis größer als +2mm/hm der 63 Fälle 1972 (Fig. 34), so stellt man eine recht gut angenäherte Normalverteilung um den Klassenwert 0 mm/hm fest. Die Klasse 0 liegt in den Grenzen -0.1 < 0 < +0.1 mm/hm. In Fig. 34 sind zwei Versionen aufgetragen, eine unter Berücksichtigung aller 12 Stationen, die andere unter Verwendung von nur zehn Meßstellen, wobei die Ombrographen 11 und 12 in Nischenlage, bei denen durch orographische Effekte Störungen besonders stark auftreten, weggelassen wurden. Im ganzen ändert sich das Verteilungsbild dadurch kaum, es wird nur bei zehn Stationen die Normalverteilung eindeutiger. Aus der Normalverteilung um den Mittelwert 0 ist zu folgern, daß im Lainbachgebiet ein Höhengradient der Niederschlagsverteilung nicht existiert, die vorkommenden positiven und negativen Werte als Zufallsstreuung des Kollektivs aufzufassen sind.

Sieht man einmal von der Höhenstufe des maximalen Niederschlages im Gebirge ab, auf die bereits A. SCHLAGINTWEIT (1850) aufmerksam machte und die in den Folgejahren viel diskutiert wurde (F. ERK 1887, F. POCHELS 1901, A. WAGNER 1942, W. DAMMANN 1942), die sich u.a. aus der mittleren Höhenlage des Kondensationsniveaus ergibt, so ist eine rein orographisch bedingte Änderung der Niederschläge mit der Seehöhe nicht zwingend. Vielmehr ist die Erscheinung, daß die Niederschlagssummen mit wachsender Höhenlage im Mittel zunehmen, auf einen durch orographische Hindernisse bedingten Stau, der zu einer Hebung der gesamten feuchtlabilen Luftmassen und damit zu verstärkter Kondensation führt, zurückzuführen. Ein ganz ähnliches Bild der Niederschlagsverteilung erhält man bei auflandigen Winden (J. NORDØ 1972) beim Übergang von Meeres- zu Landgebieten, wo es als Folge erhöhter Reibung über dem festen Grund ebenfalls zu einem Stau mit Hebung der Luftmassen kommt. Ohne merkliche Zunahme der Höhenlage steigen auch hier die Niederschläge landwärts an. Es handelt sich hierbei also um eine horizontale, nicht um eine vertikale Variabilität der Niederschläge.

Die Niederschlagszunahme bei positiven Höhengradienten wird nach den Aufzeichnungen der Ombrographen (s.Fig. 15 u. 16) vorwiegend durch höhere Intensitäten, worauf auch H. WACHTER (1965) hinweist, seltener durch das Zusammenwirken mit längerer Regendauer bedingt. Für die Gewitterregen wurde das bei D. HAVLIK (1969) gefundene Verhältnis von positiven (33%) zu negativen (60%) und Höhengradienten mit dem Wert Null (7%) durch die Aufnahmen im Lainbachgebiet sehr gut bestätigt. Die entsprechenden Werte lauten (+) 38%, (-) 54% und (0) 8%. 1973 überwogen dagegen positive Gradienten. Wie E. FINK (1974) aber ausführt, ist diese Tatsache auf die Lage des Gewitterzentrums zurückzuführen. Werden an der amtlichen Station Jachenau (südlich der Benediktenwand) Gewitter registriert, nicht aber in Benediktbeuern, so stellen sich positive Gradienten ein, da nach S und SE die Höhenlage der Meßstationen, wie oben gezeigt wurde, zunimmt.

Zeitintervall	1972		1973	
	N (mm)	b (mm/hm)	N (mm)	b (mm/hm)
Mai	50 [1]	-0.16	-	-
Juni	216	-0.04	261	-1.8
Juli	226	+10.00	245	+7.9
August	115	+9.24	212	+3.6
September	54 [2]	+1.93	142	+3.8
Sommer	701	+18.76	860	+13.33

Tab. 16: Monatsniederschlagssummen (N) und Höhengradienten (b) für 1972 und 1973 im Lainbachgebiet. 1) nur zweite Mai- 2) nur erste Septemberhälfte.

Auch während der einzelnen Monate in den Jahren 1972 und 1973 treten recht unterschiedliche Höhengradienten der Niederschlagsverteilung auf (Tab. 16).

Im Frühsommer finden sich durchweg negative Werte. Das Maximum tritt in beiden Jahren im Juni ein. Von da an nehmen die Höhengradienten zum Herbst wieder ab. Für den gesamten Sommer ergeben sich in beiden Jahren positive Höhengradienten (Tab. 16). Dies steht keineswegs im Widerspruch zur Feststellung, daß die Abhängigkeit der Niederschlagssummen allein von der Seehöhe im statistischen Mittel nicht existiert. Vielmehr ergibt sich der scheinbare Höhengradient für den Sommer von +18.8 mm/hm Höhendifferenz aus der Häufigkeit der Lagetypen I-X und den dabei auftretenden Niederschlagswerten. Wie Tab. 15 ausweist, sind Niederschlagslagen eng mit den sogenannten Höhengradienten (b) gekoppelt. Bildet man die gewichtete Summe aus den Produkten der mittleren Niederschlagshöhe $\frac{N}{n}$ (N = Niederschlagssumme in mm, n = Anzahl der Fälle) und den Höhengradienten (b in mm/hm Höhendifferenz) ($\sum_{i=1}^{10} (\frac{N}{n} \cdot b)_i$) für alle zehn ausgeschiedenen Lagen, so erhält man für alle Ereignisse den Wert 23.4 mm/hm, der als Mittel den aus den Einzelbeobachtungen gewonnenen Betrag von 18.8 mm/hm zumindest in der Größenordnung annähert.

3.2.6 Quantifizierung der Lageeinflüsse

Die bisherigen Ausführungen haben gezeigt, daß die Variabilität, die Streubreite der Niederschlagsbeobachtung für einzelne Niederschlagsereignisse von zumindest drei Faktoren abhängig ist, nämlich 1. von den Lagetypen, also den Veränderungen in der Horizontalen (x-y - Ebene), 2. vom Höhengradienten (in z-Richtung) und 3. von einem Nischeneffekt. Während ich den letztgenannten Einfluß nicht quantifizieren konnte, ist dies bei den anderen beiden gelungen. Nachfolgend soll deshalb dargestellt werden, in welchem Maße Lage- und Vertikalvariabilität die Gesamtvariabilität bestimmen. Mit anderen Worten, es besteht die Möglichkeit, durch bekannte, systematische Änderungen der Niederschlagsverhältnisse in horizontaler und vertikaler Richtung die gewonnenen Meßdaten der Regenhöhen so zu korrigieren, daß die Unsicherheit der Bestimmung des Gebietsniederschlages geringer wird.

Nachdem erkannt wurde, daß die horizontale Variabilität wohl dominant, der vertikalen eine geringere Einflußnahme beizumessen ist, wurden die beiden Variabilitäten in der angegebenen Reihenfolge eleminiert. Dabei wurde nach folgendem Schema vorgegangen. In Fig. 35 stellt die durch die Ecken A B C D markierte Raumfläche einen Reliefausschnitt vor mit vier Ombrographen mit den Niederschlagssummen a, b, d, d. Der Pfeil Grh gibt die Richtung des Gradienten der Niederschlagszunahme in der x-y - Ebene (Horizontale) an. Die vertikal stehende Ebene E F G H geht durch den Schwerpunkt, der sich aus der Verteilung der 12 Niederschlagsstationen ergibt und steht senkrecht auf der Gradientrichtung.

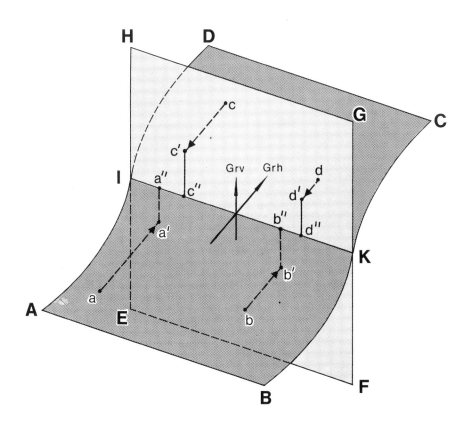

Fig. 35: Schema zur Quantifizierung der horizontalen und vertikalen Lageeinflüsse.

Um die horizontale Lageänderung zu beseitigen, werden die mittleren Regenhöhen a, b, c, d unter Berücksichtigung der Gradienten der Lagen I-VIII und der Entfernung (d) zur Zentralebene auf diese projiziert. Man erhält dann a' = a + Grh.d, entsprechend für b', c' und d'. Wäre die Isohyetenführung streng parallel und gleichabständig, d.h. der Gradientvektor auf jeder beliebigen Strecke des Betrachtungsraumes nach Betrag und Richtung gleich groß, so wären a', b', c', d' identisch mit dem Mittelwert. Das war nicht zu erwarten, da u.a. durch orographische Einflüsse, z.B. der Höhenänderung und dem Nischeneffekt, die einzelnen Gradientrichtungen vom mittleren etwas abweichen. So bleibt in den $a^{\perp}$, $b^{\perp}$ usw. Werten noch eine Restvarianz. Für sie wurde angenommen, daß sie zunächst durch die vertikale Lageänderung bedingt ist. Um auch diesen Einfluß zu quantifizieren, wurde aus den Werten a', b', c', d' der Höhengradient berechnet und es wurden diese Werte auf die Linie IK, die die mittlere Stationshöhe über NN markiert, nach dem Schema a" = a' + Grv. h projiziert. Dadurch erhält man die bereinigten Niederschlagsbeträge a", b", c", d". Die Berechnungen wurden für die Lagen I-VIII durchgeführt, für IX und X war dies nicht möglich, da sich hier keine systematischen Horizontalgradienten ergeben.

Das Ergebnis der Berechnungen ist in Fig. 36, S. 67, graphisch festgehalten. In Fig. 36a ist auf der Ordinate der mittlere Fehler des Mittelwertes $s_{\bar{x}}$ mit einer Irrtumswahrscheinlichkeit von $\alpha = 0.1$ aufgetragen. Die Abszisse gibt die Lagetypen I-VIII sowie die Anzahl der Fälle (n) an. Danach zeigt sich, daß der mittlere prozentuale Fehler nach durchgeführter Korrektur bei Lage I von 9.6% auf 4.6%, bei Lage II von 15.5% auf nur 4.1% usw. (s.Tab. 17) gefallen ist. Durchweg ist die Lagekorrektur wesentlich größer als die nach der Höhe. In Fig. 36b ist der mittlere Fehler des Urmaterials für alle Lagen zu 100% angesetzt. Die schraffierten Flächen geben die prozentuale Verbesserung des Ergebnisses an. Bei den Lagen I-VI konnte die mittlere Abwei-

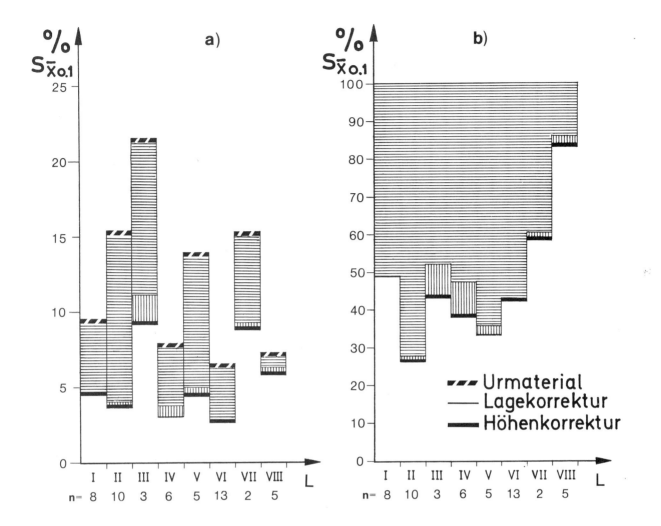

Fig. 36: Absolute (a) und relative (b) Anteile der horizontalen und vertikalen Lagefaktoren am prozentualen mittleren Fehler (Abweichung) des Mittelwertes ($s_{\bar{x}0.1}$) auf dem 10%-Irrtumsniveau. Horizontalschraffur Anteil der x-y - Lage, Vertikalschraffur Anteil der z-Lage.

chung demnach auf z.T. erheblich weniger als 50% gedrückt werden. Nur bei den Lagen VII und VIII ist die prozentuale Korrektur geringer. Wie aber Fig. 36a ausweist, liegt auch er mit den Absolutbeträgen nunmehr unter 10%.

Nach Fig. 36 und Tab. 17 (s.S. 68) wird die Streuung der Niederschlagswerte im Lainbachgebiet z.T. mehr als 50% durch die horizontale Veränderung der Regenhöhen und nur zu einem geringen Anteil durch den Höheneffekt erklärt. Die verbleibende Restvarianz halte ich für reliefbedingt und fasse sie als Nischeneffekt zusammen. Er wird in Fig. 37 deutlich, wo

Lage	Urmaterial $s_{\bar{x}0.1}$ %	relativer Anteil	Lagekorrektur $s_{\bar{x}0.1}$	relativer Anteil	Höhenkorrektur $s_{\bar{x}0.1}$	relativer Anteil	Restfehler $s_{\bar{x}0.1}$	in % vom Ausgangsfehler
I	9.6	100	4.9	51.2	0.1	0.3	4.6	48.5
II	15.5	100	11.2	72.2	0.2	1.3	4.1	26.5
III	21.5	100	10.3	48.0	1.9	6.8	9.3	43.2
IV	7.9	100	4.2	52.7	0.7	8.9	3.0	38.4
V	13.9	100	8.9	64.3	0.4	2.6	4.6	33.1
VI	6.6	100	3.8	57.6	0.0	0.0	2.8	42.4
VII	15.3	100	6.1	39.5	0.3	2.0	8.9	58.5
VIII	7.3	100	1.0	14.0	0.2	2.4	6.1	83.6

Tab. 17: Verringerung der prozentualen Streuung durch Lage- und Höhenkorrektur bei den Lagen I-VIII

für die Lagen I (Fig. 37a) und II (Fig. 37b) die Restvariation größer als 5% schraffiert dargestellt ist. Abweichungen größer als 5% vom Mittelwert finden sich nach den durchgeführten Korrekturen nur noch in Nischen oder am tief eingeschnittenen Taleingang.

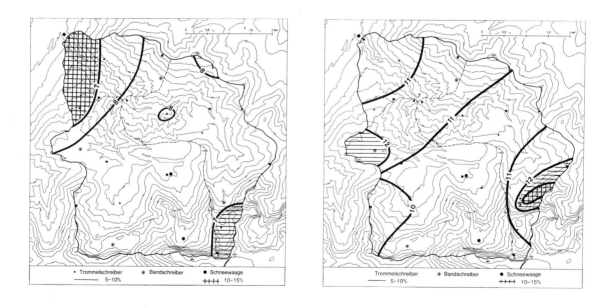

Fig. 37: Restvariation nach Korrektur der horizontalen und vertikalen Lagefaktoren (größer als 5% schraffiert dargestellt) bei den Lagetypen I (a) und II (b).

4. DER GEBIETSNIEDERSCHLAG

Die Berechnung des Gebietsniederschlages erfolgte nach zwei Verfahren, nämlich durch Planimetrieren der Isohyeten für Einzelregen bzw. Halbmonats-, Monats- und Sommersummen, sowie durch gewichtete Summenbildung mit Hilfe der Thiessenpolygone. Die Thiessenpolygone für den Lainbachbereich sind in Fig. 38 dargestellt. Im Nordteil des Einzugsgebietes konnten die Konstruktionslinien weitgehend

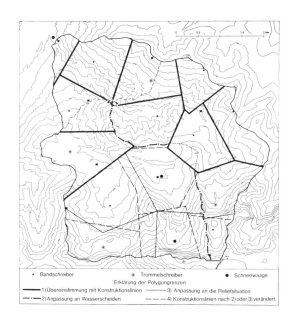

Fig. 38: Thiessenpolygone für das Lainbachgebiet und ihre Anpassung an die Reliefsituation.

beibehalten werden. Sie wurden bei geringfügigen Abweichungen, die unter der Genauigkeit der Planimetrierung liegen, an die Wasserscheide zwischen den Teilniederschlagsgebieten Schmied- und Kotlaine sowie Lainbach angepaßt. Im südlichen Gebiet waren stärkere Veränderungen der Konstruktion für die Angleichung an die Reliefsituation erforderlich.

Die Ergebnisse nach der Isohyetenmethode (a), den Thiessenpolygonen (b) und dem ungewichteten Mittel aus den Niederschlagsdaten (c) wichen für das Gesamtgebiet nach Tab. 18 nur geringfügig, meist weniger als 2% voneinander ab und liegen damit weit unterhalb der Fehlergrenze. Das hat seine Ursache in der hohen Stationsdichte. Für die tabellarische

		Niederschlagsspende Teilgebiete			gesamt	Unterschied zu a bei gesamt
		I	II	III		
		l/sec . km²			l/sec.km²	%
25./26.7.	a)	565	664	1260	858	-
	b)	575	630	1290	853	-0.01
	c)	603	488	1348	949	+10.61
18./20.8	a)	234	280	268	268	-
	b)	243	278	270	269	+0.37
	c)	241	287	269	266	-0.75
16.-31.5.	a)	35.2	37.3	34.6	36.0	-
	b)	35.1	36.3	34.5	35.4	-1.67
	c)	35.3	36.6	34.1	35.4	-1.67
Juni	a)	79.5	85.7	80.3	82.7	-
	b)	79.4	86.6	80.9	83.4	+0.85
	c)	80.1	87.3	79.6	81.8	-1.09
Juli	a)	75.9	80.2	91.8	83.5	-
	b)	75.6	77.5	91.7	82.2	-1.56
	c)	77.1	76.3	93.0	84.9	+1.68
August	a)	56.1	57.3	58.8	57.6	-
	b)	56.4	57.4	58.5	57.6	±0.0
	c)	55.7	80.2	58.8	58.4	+1.39
1.-15.9.	a)	31.1	37.2	34.6	35.2	-
	b)	31.0	36.4	34.4	34.7	-1.42
	c)	31.4	38.2	34.7	34.7	-1.42

Tab. 18: Niederschlagsspenden für Teileinzugsgebiete (I = Lainbach i.e.S., II = Schmiedlaine, III = Kotlaine) und Gesamtgebiet nach unterschiedlichen Berechnungsverfahren (a = Planimetrierung der Isohyeten, b = gewichtetes Niederschlagsmittel-Thiessenpolygone-, c = einfaches arithmetisches Mittel).

Darstellung wurde die Niederschlagsspende gewählt, da diese Werte, auf die Flächeneinheit bezogen, nicht nur anschaulicher sind, sondern auch die Unterschiede in den Teileinzugsgebieten besser wiedergeben. Die Niederschlagsspende in den Halbmonaten und Monaten des Sommers 1972 variiert zwischen 30 bis 100 l/sec . km². Bei Einzelereignissen liegt sie aber erheblich darüber und ist vor allem in den drei Teilniederschlagsgebieten sehr verschieden. Während am 25./26.7. im

Bereich des Lainbaches (I) und der Schmiedlaine (II) Werte um 550-650 l/sec . km² auftreten, sind sie bei der Kotlaine mehr als doppelt so hoch. Diese kleinräumigen Niederschlagsmuster steuern ganz wesentlich den Hochwasserabfluß. Im Rahmen des Gesamtprogrammes wird darüber Herr Dr.K. Priesmeier berichten.

		Gebietsniederschlag nach	
		Urmaterial 10^3 m³	korrigiert 10^3 m³
Lage	I	1180 ± 110	1180 ± 60
Lage	II	2060 ± 230	2060 ± 90
Lage	III	250 ± 60	250 ± 30
Lage	IV	1180 ± 130	1180 ± 40
Lage	V	970 ± 100	970 ± 50
Lage	VI	3330 ± 220	3330 ± 80
Lage	VII	75 ± 11	75 ± 7
Lage	VIII	520 ± 40	520 ± 30
Lage I - VIII		9560 ± 380	9560 ± 310
1.-15.5.		970 ± 45	-
Juni		4040 ± 300	-
Juli		4140 ± 550	-
August		2870 ± 230	-
Sept.		1020 ± 120	-
1.5.-15.10.		13000 ± 660	-

Tab. 19: Niederschlagsmenge und mittlere Abweichung auf dem 10 %-Irrtumsniveau für einzelne Niederschlagslagen, Monate und den Sommer 1972.

Die berechnete Niederschlagsfülle ist mit einem Beobachtungsfehler, der im vorangegangenen Abschnitt analysiert wurde, behaftet. In Tab. 19 sind für einzelne Niederschlagslagen, die Einzelmonate und den Sommer 1972 die Werte zusammengestellt. Für die einzelnen Lagen zeigt sich bei den korrigierten Werten die Verbesserung, wie sie in Fig. 37 graphisch dargestellt wurde. Der Unterschied in den Abweichungen bei der Summe der Lagen I - VIII ist dagegen gering, weil sich hier die unterschiedlichen Verteilungsmuster überlagern und weitgehend ausgleichen. Auch bei den einzelnen Monaten, mit Ausnahme Mai, ist die mittlere prozentuale Abweichung von 7-14% noch beträchtlich, obgleich gegenüber den Einzelereignissen schon merklich geringer. Für den ganzen Sommerniederschlag sinkt die Unsicherheit bei einer Irrtumswahrscheinlichkeit von α = 0.1 auf 5%.

Diese Dämpfung des mittleren Fehlers, die weitgehend statistisch begründet ist, nämlich durch die Überlagerung unterschiedlicher Niederschlagsmuster, was zu einem Ausgleich der Regenhöhen an den einzelnen Stationen führt, und durch Zunahme der Niederschlagshöhen, wodurch, wie in Fig. 22 belegt, der Variationskoeffizient geringer wird, mag für klimatologische Untersuchungen brauchbar sein. Für die Bearbeitung hydrologischer Fragen, die den Wasserumsatz zum Gegenstand haben, hilft sie nicht weiter, da nicht der mittlere Niederschlag sondern der Regen des Einzelereignisses abfließt.

Nachdem die differenzierte Gliederung des Niederschlages in einem eng gekammerten, kleinen Raum der nördlichen Kalkvoralpen, wie sie sich anhand eines dichten Spezialnetzes mit Beobachtungsstationen ergibt, in den Grundzügen vorgestellt wurde, erscheint es abschließend reizvoll zu überprüfen, mit welcher Genauigkeit das sehr viel weiträumigere amtliche Netz die Regenhöhen erfaßt. Solche Versuche sind wiederholt durchgeführt worden, der Ansatz ist also nicht neu. Es sollen nur die Verhältnisse in einem speziellen Raum aufgezeigt werden. Ergänzend sei erwähnt, daß es sich nur um ein erstes vorläufiges Ergebnis handeln kann, da die statistische Masse noch gering ist.

Um die Unterschiede des Gebietsniederschlages zwischen dem amtlichen und dem Spezialbeobachtungsnetz zu erfassen, wurden für einzelne Andauerzeiten der Regenfälle nach den Beobachtungswerten für jedes der beiden Netze unabhängig Niederschlagskarten gezeichnet, aus denen die mittleren

Niederschlagshöhen für das Lainbachgebiet berechnet wurden. Da das amtliche Netz nicht durchweg mit Ombrographen ausgestattet ist, bin ich bei der Niederschlagsdauer von kürzer als einem Tag von den Ereignissen im Untersuchungsgebiet ausgegangen. Trat dort an einem Tag ein Regen von z.B. 6 Stunden Dauer auf, so wurde der Niederschlag der umliegenden Stationen ebenfalls als 6-stündiger Regen gewertet. Er kann dort von unterschiedlicher Dauer gewesen sein, für das Untersuchungsgebiet war es aber ein 6-stündiger Regen. So scheint mir diese Zuordnung gerechtfertigt.

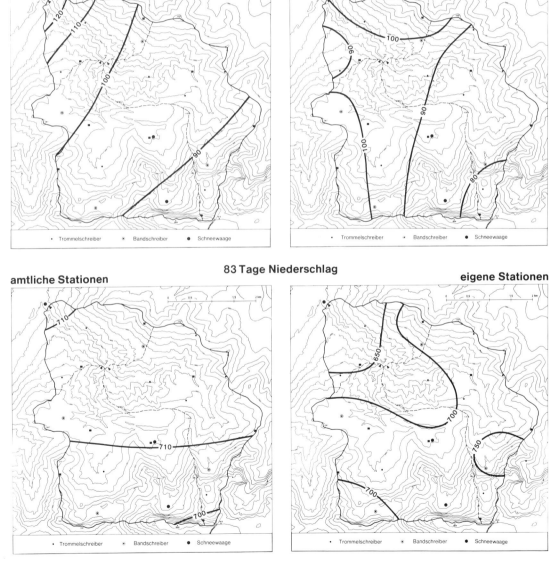

Fig. 39: Vergleich der Niederschlagssummen und der Niederschlagsverteilung nach den Daten des amtlichen und des eigenen Spezialnetzes für eine Dekade und 83 Tage mit Niederschlag.

Ein Vergleich der Isohyetenführung aus den amtlichen und eigenen Beobachtungen bei Einzelniederschlagsereignissen ist in Fig. 32 möglich. Für eine Dekade und für 83 Niederschlagstage sind die Niederschlagskarten in Fig. 39 dargestellt. Danach ergibt sich auch bei längeren Zeiträumen keine völlige Übereinstimmung der Isohyetenführung, es gleichen sich aber die Niederschlagssummen mehr und mehr an.

Das Ergebnis der Auswertung ist in Fig. 40 graphisch aufgetragen. Die Ordinate gibt die mittlere prozentuale Differenz ($\Delta\%$) zwischen den Regenhöhen des eigenen (N_e) und des amtlichen Netzes (N_a) an. $\Delta\% = 100 \frac{\Sigma |N_e - N_a|}{n \cdot N_e}$, mit n Anzahl der Fälle. Die Abszisse ist die Zeitachse in Stunden (h) bzw. Tagen (d). Zwischen 48 und 96 Stunden (2 und 4 Tagen) liegt eine materialbedingte Unstetigkeit (vertikale Sägelinie). Während für die Zeiten von 48 Stunden und kürzer durchweg Beobachtungen herangezogen wurden, bei denen

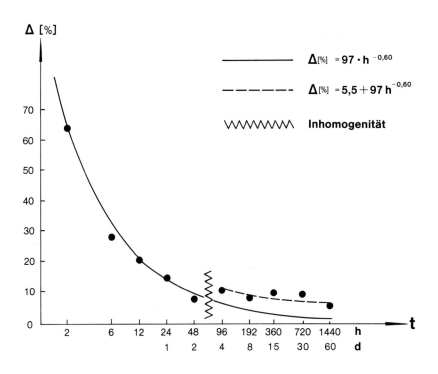

Fig. 40: Differenz (%) der Niederschlagshöhen zwischen den Meßdaten nach dem amtlichen und dem Spezialnetz in Abhängigkeit von der Dauer des Niederschlagszeitraumes (h in Stunden bzw. d in Tagen).

es während der vollen Dauer des angegebenen Zeitintervalles geregnet hat, sind es bei 4 Tagen und länger Tage mit Regen, unbeschadet ob nur 2 oder volle 24 Stunden Niederschlag fiel. Danach nehmen die $\Delta\%$-Werte wieder sprunghaft zu, passen sich aber weiter dem fallenden Trend an.

Die berechneten Differenzwerte lassen sich durch die Funktion $\Delta\% = 97 \cdot h^{-0.60}$ (h in Stunden) sehr gut annähern (ausgezogene Linie. Für den Abschnitt 4 Tage und länger mußte lediglich ein additives Korrekturglied angeführt werden, so daß die Gleichung lautet $\Delta\% = 5.5 + 97 \cdot h^{-0.6}$ (gerissene Linie). Danach sind die Differenzen bei kurzer Niederschlagsdauer (kürzer als 24 Stunden) mit 20 - über 60% so groß, daß die Regenhöhen aus dem weitmaschigen Netz für ein kleinräumiges Gebiet für die Deutung hydrologischer Vorgänge nur mit erheblicher Unsicherheit herangezogen werden können. Dagegen sinken die Differenzbeträge bei anhaltendem Niederschlag schon für 48 Stunden unter die 10%-Grenze, die auch nach der Inhomogenität am Kurvenverlauf bei 8 Tagen mit Niederschlag erreicht wird. Daraus folgt, daß die Monatssummen der Niederschläge des weitmaschigeren amtlichen Netzes die Regenhöhen auch in einem relativ eng gekammerten Gebiet der nördlichen Kalkvoralpen und der Flyschzone mit einem Fehler $\pm$ 5% (die Ordinate in Fig. 40 gibt die absoluten Beträge an) erfassen. Für Halbjahres- und Jahressummen werden die Angaben mit einer mittleren Abweichung von kleiner als $\pm$ 2.5% noch besser.

5. ZUSAMMENFASSUNG

Im 18.664 km² großen Niederschlagsgebiet des Lainbaches bei Benediktbeuern/Obb. im Bereich der Kalkvor- und Flyschalpen ist zur Bearbeitung von hydrologischen Fragen mit Unterstützung durch die Deutsche Forschungsgemeinschaft ein Spezialniederschlagsnetz mit 15 registrierenden Niederschlagsmessern installiert. Anhand der Beobachtungen aus den Jahren 1972 und 1973 wurde die Niederschlagsstruktur für die Sommermonate in einem eingekammerten Gebirgsrelief untersucht.

Die Sommerniederschläge weisen einen typischen Gang mit
maximalen Monatssummen im Juni auf und wichen in den beiden Jahren nur geringfügig vom langjährigen Mittel (Juli)
ab. Die Modalklasse der Niederschlagsdauer bei Gesamtregen (Einzelereignis) lag 1972 bei 4 bis kürzer 8 Stunden,
1973 bei 8 bis kürzer 16 Stunden. Starkregenintervalle
innerhalb der Gesamtereignisse nehmen mit wachsender Niederschlagsdauer an Häufigkeit zu. Gleichzeitig steigen
auch die Maximalintensitäten in den Zeitintervallen 15',
30', 60' und 120' mit der Dauer der Regenfälle. Die Maximalintensitäten zeigen einen deutlichen Gang im Ablauf des
Sommers mit höchsten Werten im Juli. Mit der Intensität
nimmt auch die Variabilität der Niederschläge innerhalb
eines Monats zu. Selbst während eines Gesamtregens treten
im 30'-Intervall erhebliche Intensitätsschwankungen sowohl bei Stark- als auch bei Landregen auf.

Aus den zeitlichen Niederschlagsstrukturen folgt, daß Mittelwerte (Monatssummen etc.) des Niederschlages für die
Bearbeitung von hydrologischen Fragen nur wenig aussagefähig sind.

Die Niederschlagssummen an den einzelnen Stationen sind
hoch korreliert in den Grenzen $0.82 \leq r_N \leq 0.98$, bei einer
linearen Abnahme der Korrelation im Bereich bis zu 5 km
Distanz. Deutlich läßt sich bei den Korrelationen der Niederschlagshöhen die Beeinflussung durch die Reliefkammerung ablesen. An Doppelmassengraphen von Stations- und
Gebietsniederschlag konnte diese Aussage überprüft und
ein Nischeneffekt nachgewiesen werden.

Die räumliche Variabilität der Niederschläge weist mittlere prozentuale Abweichungen (Fehler) vom Mittelwert bis
zu mehr als 40% auf. Die hohen Werte sind vor allem auf
wenig ergiebige Niederschläge (Regenhöhen kleiner als
2 mm) und Gewitter zurückzuführen. Die mittleren prozentualen Abweichungen zeigen eine lognormale Häufigkeitsverteilung.

Für die flächige Verteilung der Regenhöhen von Einzelniederschlagsereignissen wurden zehn Lagetypen, vorwiegend in Anlehnung an die Hauptwindrichtungen ausgeschieden. Es deutet sich eine enge Abhängigkeit zu den während der Niederschläge vorherrschenden Ventilationsverhältnissen an. Eine endgültige Klärung ist noch offen. Für die einzelnen Lagen ergeben sich entweder eindeutig positive oder negative Gradienten der Änderung der Niederschlagssummen mit der Seehöhe.

Die Höhengradienten des Niederschlages (Abhängigkeit der Regenhöhe von der Lage über NN) zeigen eine Normalverteilung mit der Modalklasse 0mm/hm. Daraus wird geschlossen, daß statistisch eine wirkliche Abhängigkeit der Niederschlagssummen von der Höhenlage nicht existiert, positive und negative Werte des Höhengradienten nur Abweichungen im Sinne einer Streuung vom Mittelwert Null sind.

Die räumliche Variabilität der Niederschläge wird in vielen Fällen zu mehr als 50% durch die Änderung der Regenhöhen in der x-y - Ebene (horizontaler Lagetyp) erklärt, in nur sehr geringem Maße durch den Höhengradienten. Die Restvariation wird als Nischeneffekt zusammengefaßt.

Für die Ermittlung des Gebietsniederschlages erwiesen sich auch in dem eng gekammerten Relief die Verfahren durch Planimetrierung von Isohyetenkarten und Bildung von gewichteten Mitteln mit Hilfe der Thiessenpolygone in gleichem Maße brauchbar. Die Ergebnisse weichen durchweg weniger als 2% voneinander ab. Durch die Quantifizierung der Lageeinflüsse auf die Niederschlagsverteilung wurde die Sicherheit der Erfassung der Gebietsniederschläge für einzelne Lagetypen erhebliche verbessert.

Gegenüber dem Gebietsmittel aus dem Spezialnetz weichen die Werte der amtlichen, weitständigen Beobachtungsstellen bei Einzelniederschlägen an einem Tag beträchtlich voneinander ab (20% bis 60%). Aber schon für eine durchgehende Regendauer von 48 Stunden sinkt der Wert auf 10% und Halbjahres- und Jahressummen werden mit einem mittleren Fehler von maximal $\pm 2.5\%$ sehr gut erfaßt.

5. SUMMARY

In the catchment area of Lainbach near Benediktbeuern/Obb., covering 18.664 km² and situated at about 70 km south of Munich in the region of the Limestone and Flysch Prealps, a special network of precipitation gauges has been installed by subsidy of the "Deutsche Forschungsgemeinschaft". The purpose of the recording raingauge network is to ascertain the amount of precipitation to treat hydrological problems in an Alpine area. This paper deals with the precipitation pattern during the summer months of 1972 and 1973.

The precipitation in the summer months of 1972 und 1973 showed maximums in June and for both years only a negligible difference to the long-term mean (July). The duration of single precipitation events has its modal class between 4 and less than 8 hours in 1972 and between 8 and less than 16 hours in 1973. The frequency of intervals with heavy rain during single precipitation events increases with the duration of rain. Maximum intensities in the time intervals of 15', 30', 60' and 120' also increase with the duration of rain. During the summer period maximum intensities of rain occur in July. The variability of rain during a month corresponds to the maximum intensity of precipitation. There are large oscillations of the 30'-intensity as well during storms as during rains.

The precipitation structures depending on time show that mean values (monthly values etc.) of precipitation are only of minor importance for making plain hydrological problems.

The precipitation amounts correlate highly between single gauges within the extremes $0.82 \leqslant r_N \leqslant 0.98$, showing linear decrease up to a distance of 5 km. The influence of relief on the correlation coefficients is strong. By double-mass-graphs of precipitation at one gauge to the mean area precipitation this result, which I denoted as an effect of niches, is confirmed.

The spatial variability of precipitation shows an average deviation from the mean up to more than 40%. High deviation values are connected with rainfalls of less than 2 mm precipitation or with storms. The average deviation expressed as percentage shows a lognormal distribution.

The spatial distribution of precipitation amounts of single rains could be coordinated with 10 typical patterns corresponding to the main wind directions. The precipitation patterns indicate a dependency on the windfield, but there is no definite proof. The 10 typical precipitation patterns are highly connected either with positive or negative gradients of precipitation with regard to altitude.

The precipitation gradients with regard to altitude are normally distributed with the modal class 0 mm/100 hm (difference in altitude). Therefore we can conclude that a precipitation gradient due to a change of altitude is statistically not really existing. Positive and negative values are only statistical deviations from the mean.

In most of the cases, the spatial variability of precipitation up to more than 50% is caused by variations in the amount of rain on the x-y-plane, i.e. in the horizontal direction and much less by those on the vertical one. The remaining variation is summarized as an effect of niches.

For calculating the spatial precipitation amount in a steeply dissected relief both methods, planimetration of isohyets and the weighing of means by using the Thiessen polygons, offer results of equal reliability. The results differ less than 2% from each other. By knowledge of the spatial variability of precipitation the reliability of calculated values of the mean spatial precipitation amount increases.

Mean spatial precipitation values calculated with the use of data of the own raingauge network and with that of the official widespread gauges differ considerably from each other, even up to more than 60% for one day with precipitation, whereas for a period of 48 hours of rain this difference is already reduced to up to 10%. Patterns of six month periods and one year periods still show a diviation of only less than $\pm 2.5\%$.

SCHRIFTENVERZEICHNIS

Andersson, T.: Further studies on the accuracy of rain measurements. Arkiv för Geofysik, Bd. 4, Nr. 16, 359-393, 1966.

Aniol, R.: Beitrag zur zeitlichen und räumlichen Struktur der Starkniederschläge vom 8. bis 10.8. 1970 im Alpenvorland. Met.Rdsch. 25, 182-185, 1972.

Aniol, R.: Beitrag zur Struktur starker Regenfälle auf dem Hohenpeissenberg. Int.Sympos. "Interpraevent 1971", 1, 51-55, 1971.

Aslyng, H.C.: Rain, snow and dew measurements. Acta Agriculturae Scandinavica, 15, 275-283, 1965.

Baumgartner, A.: Zur Höhenabhängigkeit von Regen- und Nebelniederschlag am großen Falkenstein (Bayer. Wald). IASH, Nr.43, 529-534, 1958.

Baumgartner, A.: Die Regenmengen als Standortfaktor am grossen Falkenstein (Bayer. Wald). Forstwiss.Cbl. 71, 7/8, 230-237, 1958.

Baumgartner, A.: Vertikalprofile von Lufttemperatur und Niederschlag in Gebirgslagen. 6. Intern. Tagung f. Alpine Met. in Bled, 14.-16.9.1960, Sammelband, 183-188, 1962.

Baumgartner, A.: Klima und Erholung im Bayerischen Wald. Verh. Dt.Natursch. Beauftragter. Natur, Freizeit und Erholung 17, 39-50, 1970.

Bochkov, A.P. u. Struzer, L.R.: Estimation of precipitation as water balance element. IASH, Nr. 92, 186-193, 1971.

Brenken, G.: Versuch einer Klassifikation der Flüsse und Ströme der Erde nach wasserwirtschaftlichen Gesichtspunkten. Düsseldorf 1960.

Collinge, V.K. u. Jamieson, D.G.: The spatial distribution of storm rainfall. J. of Hydrology 6, 45-57, 1968.

Dammann, W.: Gibt es im Gebirge eine Höhenstufe maximalen Niederschlages? Met.Z. 59, 19-21, 1942.

Desi, F., Czelnai, R. u. Rakoczi.: On determining the rational density of precipitation measuring networks. IASH, Nr. 67, 127-129, 1965.

Deutsch, P.: Die Niederschlagsverhältnisse im Mur-, Drau- und Savegebiet. Geogr.Jahresber.Österr. 6, 15-65, 1907.

Eagleson, P.S.: Optium density of rainfall networks. Water Resources Res. 3,4, 1021-1033, 1967.

Eagleson, P.S. u. Shack, W.J.: Some criteria for the measurement of rainfall and runoff. Water Resources Res. 2.3, 227-436, 1966.

Erk, F.: Die vertikale Verteilung der Maximalzone des Niederschlages am N-Abhang der baierischen Alpen im Zeitraum November 1883 - November 1885. Met.Z. 4, 55-69, 1887.

Fink, E.: Die räumliche und zeitliche Struktur der Niederschläge des Sommers 1973 im Niederschlagsgebiet des Lainbaches bei Benediktbeuern/Oberbayern. Zulassungsarbeit zum Staatsexamen für Gymnasien. München 1974.

Fliri, F.: Wetterlagenkunde von Tirol. Tiroler Wirtschaftsstudien 13, 207-211, 1962.

Fliri, F.: Die Niederschläge in Tirol und den angrenzenden Gebieten im Zeitraum 1931-1960. Wetter und Leben 17, 10. Sonderheft, 3-16, 1965.

Fliri, F.: Beiträge zur Kenntnis der zeitlichen und räumlichen Verteilung der Niederschläge in den Alpen in der Periode 1931-1960. Veröff.d.Schweiz. Met.Z.A. 4,4, 72-79, 1967.

Fliri, F.: Probleme und Methoden einer gesamtalpinen Klimatologie. Jahresber.d.Geogr.Ges.v. Bern, 49, 113-127, 1970.

Fliri, F.: Niederschlag und Lufttemperatur im Alpenraum. Wiss.Alpenver. Hefte, 24, 1974.

Flohn, H.: Witterung und Klima in Mitteleuropa. Forsch.z. dt. Landeskunde. 78, 1954.

Friedel, H.: Gesetze und Niederschlagsverteilung im Hochgebirge. Wetter u. Leben 4, 73-86, 1952.

Gensler, G.A.: Der Eintrittsmonat des jahresperiodischen Niederschlagsmaximums in einigen Abschnitten des Alpenraumes in verschiedenen Klimaperioden. Veröff.Schweiz.Met.Z.A. 4, 109-114, 1967.

Grunow, J.: Niederschlagsmessungen am Hang. Met.Rdsch. 6, 85-91, 1953.

Grunow, J.: Zur Niederschlagsmessung im Gebirge. Wetter u. Leben 5, 1/2, 35-37, 1953.

Grunow, J.: Probleme der Niederschlagserfassung und ihre Bedeutung für die Wirtschaft. Met.Rdsch. 9, 3/4, 62-68, 1956.

Hann-Süring: Lehrbuch der Meteorologie. Bd. 1, Hrgb. R. Süring, Leipzig 1939.

Havlik, D.: Die Höhenstufe maximaler Niederschlagssummen in den Alpen. Freiburger Geogr. Hefte, 7, 1969.

Herrmann, A., Priesmeier, K. u. Wilhelm, F.: Wasserhaushaltsuntersuchungen im Niederschlagsgebiet des Lainbaches bei Benediktbeuern/Oberbayern. DGM 17,3, 65-73, 1973.

Hershfield, D.M.: On the spacing of raingauges. IASH Nr. 67, 72-79, 1965.

Hershfield, D.M.: Rainfall input for hydrological models. IASH Nr. 78, 168-177, 1968.

Holland, D.J.: The Cardington rainfall experiment. Met. Mag. 96, Nr. 1140, 193-202, 1967.

Horton, R.E.: The accuracy of areal rainfall estimates. Monthly Weather Rev. 7, 348-353, 1923.

Huff, F.A.: Sampling errors in measurement of mean precipitation. J. of Applied Met. 9,1, 35-44, 1970.

Huff, F.A. u. Shipp, W.L.: Spatial correlations of storm, monthly and seasonal precipitation. J. of Applied Met. 8,4, 542-549, 1969

Hutchinson, P.: Estimation of rainfall in sparsely gauged areas. Bull. IASH 14, 101-119, 1969.

Jevons, W.S. On the deficience of rain in an elevated raingauge, as caused by wind. J. of Science 22, 4. Ser., 421-433, 1861.

Kagan, R.L.: Precipitation - statistical principles. Casebook on hydrological network design practice, WMO Nr. 324, I - 1, 1-1 -I - 1, 1-11, Genf 1972.

Kagan, R.L.: Planning the spatial distribution of hydrometeorological stations to meet an error criterion. Casebook on hydrological network design practice, WMO Nr. 324, III- 1.2-1 - III- 1.2-8, Genf 1972.

Keller, H.: Niederschlag, Abfluß und Verdunstung in Mitteleuropa. Jb.f. Gewässerkunde,Bes.Mitt. 1,4, 1906.

Keller, R.: Gewässer und Wasserhaushalt des Festlandes. Berlin 1961.

Knoch, K.: Die Problematik des mittleren Jahresganges des Niederschlages dargestellt durch Monatssummen. Mitt.Fränk.Geogr.Ges. 13/14, 53-68, 1968.

Knoch, K. u. Reichel, E.: Verteilung und jährlicher Gang der Niederschläge in den Alpen. Veröff.Preuß.Met. Inst. 9,6, 1930.

Kreutz, W.: Niederschlagsmessungen in verschiedenen Höhen über dem Erdboden unter Berücksichtigung der Windverhältnisse. Ber.Dt.Wetterd.i.d. US-Zone 6, 38, 182-185, 1952.

Lauscher, F.: Extreme Stundenwerte des Niederschlags in den Ostalpen in meteorologischer und technischer Betrachtung. Veröff.d.Schweiz.Met.Z.A. 4, 106-108, 1967.

Malsch, W.: Vergleich von Niederschlagsmessungen mit einem freistehenden und einem in die Erde versenkten Regenmesser. Ber.d.Dt.Wetterd.i.d. US-Zone 35, 316-320, 1952.

McGuiness, J.L.: Accuracy of estimation watershed mean rainfall. J.Geophys.Res. 68, 16, 4763-4767, 1963.

McKay, G.A.: Precipitation. Section II. In: Handbook on the principles of Hydrology. Hrgb. D.M. Gray. 2.1 - 2.111. Port Washington N.Y. 1973.

Meinardus, W.: Eine einfache Methode zur Berechnung klimatologischer Mittelwerte von Flächen. Met.Z. 1900.

Nord, J.: Orographic precipitation in mountainous regions. WMO Nr. 326, Bd. 1, 31-62, Genf 1972.

Otnes, J.: Networks in mountainous areas. Casebook on hydrological network design practice. WMO Nr. 324, V -1. 1-1 - V - 1.1 - 10, Genf 1972.

Pochels F.: Über die Kondensation im Gebirge. Met.Z. 13, 300-312, 1901.

Rainbird, A.F.: Precipitation - basic principles of network design. IASH Nr. 67, 19-30, 1965.

Reichel, E.: Die Niederschlagsverteilung in den Alpen. Z.d. DÖAV 62, 21-28, 1931.

Reinhold, E.: Anweisung zur Auswertung von Schreibregenmesseraufzeichnungen. Gesundheitsing. 60,2, 22f.

Rodda, J.C.: The rainfall measurement problem. IASH Nr. 78, 215-231, 1967.

Rodda, J.C.: On the question of rainfall measurement and representativeness. IASH Nr. 92, Bd. 1, 173-186, 1971.

Schlagintweit, H.: Untersuchungen über die physikalische Geographie der Alpen. Leipzig 1850.

Schneider-Carius, K.: Zur Frage der statistischen Behandlung von Niederschlagsbeobachtungen. Z.f.Met. 9,5, 129f, 1955.

Schneider-Carius, K.: Grundsätzliches zur Definition der Niederschlagshöhe bei Niederschlagsmessungen im Gebirge. La Met. Nr. 45-48, 111-116, 1957.

Schneider-Carius, K. u. Essenwanger, O: Eigentümlichkeiten der Niederschlagsverhältnisse im Norden und Süden der Schweizer Alpen, dargestellt durch die Niederschlagswahrscheinlichkeit von Basel, St. Gotthard und Lugano. Arch.f.Met., Geophys.u. Bioklimatol.Ser.B, 7, 32-48, 1956.

Sevruk, B.: Erfahrungen mit schiefen, geneigten und bodenebenen Auffangflächen im Einzugsgebiet der Baye de Montreux. Veröff.d.Schweiz.Met.Z.A. 30, Teil I, 1-21, 1973.

Sherman, L.K.: Streamflow from rainfall by Unit-Graph-Method. Eng. News - Record, 108, 14, 501-505, 1932.

Steinhauser, F.: Neue Ergebnisse von Niederschlagsbeobachtungen in den Hohen Tauern (Sonnblickgebiet). Met.Z. 51, 36-40, 1934.

Stowe, F.: Rain gauge experiments at Hawsker near Whitby, Yorkshire. British Rainfall, 16-26, 1871.

Sutcliffe, J.V.: The assessment of random errors in areal rainfall estimation. Bul. IASH 11, 3, 35-42, 1966.

Thiessen, A.H.: Precipitation averages for large areas. Monthly Weather Rev. 39, 7, 1082-1084, 1911.

Toebes, E. u. Ouryvayev, V.: Representative and experimental basins. UNESCO 1970.

Uttinger, H.: Zur Höhenabhängigkeit der Niederschlagsmenge in den Alpen. Arch.f.Met., Geophys.u.Bioklimatol.Ser. B, 2, 360-382, 1951.

Wachter, H.: Niederschlagswahrscheinlichkeit und Niederschlagsdauer, ihre Bestimmung und ihre Höhenabhängigkeit. Angewandte Met. 5, 3/4, 80-86, 1965.

Wagner, A.: Gibt es im Gebirge eine Höhenzone maximalen Niederschlags? Gerlands Beiträge z.Geophys. 50, 2/4, 150-155, 1937.

Wohlrab, B.: Wasserhaushaltsforschung aus gewässerkundlicher und bodenkundlicher Sicht. Z.f. Kulturtechnik u. Flurbereinigung 12, 169-182, 1971.

Wussow, G.: Untere Grenze dichter Regenfälle. Met.Z. 39, 173-178, 1922.

Zedler, P.: Zur Struktur des Niederschlags II. Andauer und Intensität der Regen von Karlsruhe. Arch.f.Met. Geophys.u.Bioklimatol.Ser. B, 15, 274-286, 1967.